# 变废为宝

摄影后期实例教程

PHOTOSHOP

钟百迪·著

电子工业出版社
Publishing House of Electronics Industry
北京·BEIJING

## 内 容 简 介

这是一本为摄影爱好者编写的数码后期处理教程。考虑到部分读者没有后期处理基础，所以加了一些Photoshop 入门基础知识。本书从 Photoshop 优化设置、选区、图层、修复、蒙版到渐变等方面进行讲解，并配有视频教程。读者通过图文讲解与视频教程的学习，更容易掌握后期处理的方法。

本书一开始先介绍 Photoshop 基础知识，接着从抠图开始讲解，剖析数码后期在摄影作品中的作用，然后分解照片的影调，在调色过程中针对照片的比例、意境、色彩、对比等进行讲解。所以，不管是零基础爱好者，还是缺少想法的摄影师，本书对提高其摄影作品的欣赏度、创新度都有很大的帮助。同时，本书还可以作为摄影爱好者在摄影道路上创意灵感的源泉！

未经许可，不得以任何方式复制或抄袭本书之部分或全部内容。
版权所有，侵权必究。

图书在版编目（CIP）数据

变废为宝：Photoshop摄影后期实例教程 / 钟百迪著. — 北京：电子工业出版社，2020.5
ISBN 978-7-121-38414-1

Ⅰ. ①变… Ⅱ. ①钟… Ⅲ. ①图象处理软件—教材 Ⅳ. ①TP391.413

中国版本图书馆CIP数据核字（2020）第022229号

责任编辑：田 蕾
印　　刷：北京盛通印刷股份有限公司
装　　订：北京盛通印刷股份有限公司
出版发行：电子工业出版社
　　　　　北京市海淀区万寿路173信箱　邮编：100036
开　　本：787×1092 1/16　印张：15.5　字数：396.8千字
版　　次：2020年5月第1版
印　　次：2020年5月第1次印刷
定　　价：108.00元

凡所购买电子工业出版社图书有缺损问题，请向购买书店调换。若书店售缺，请与本社发行部联系，联系及邮购电话：（010）88254888，88258888。

质量投诉请发邮件至zlts@phei.com.cn，盗版侵权举报请发邮件至dbqq@phei.com.cn。

本书咨询联系方式：（010）88254161~88254167转1897。

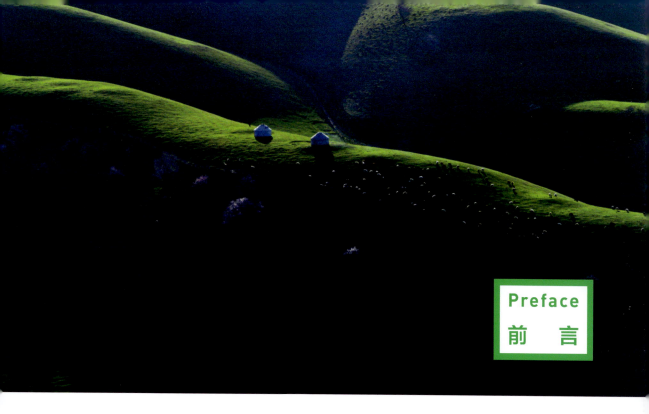

# Preface 前言

数码时代，前期拍摄是谱曲，后期处理是演奏。在图片泛滥的时代，如何让自己的作品变得与众不同？那无疑是想法。如何把自己的想法赋予照片，让更多人看到摄影师内心的表达，我觉得数码后期处理就是一个表达途径。

做好数码后期处理不仅要靠学习，有时候还需要积累。系统地学习数码入门知识很重要。而很多摄影爱好者在数码后期处理基础知识方面学习得不系统、不连贯，所以本书加入了Photoshop基础入门知识。

在本书中每一节案例，我们都选择常见的拍摄内容，围绕这些照片，分析前期拍摄的缺点，再讲解如何通过后期处理使照片变废为宝。我们将从抠图、光影、调色、影调、特效等方面进行讲解，希望大家可以学到这些案例中的技法，做到举一反三，使自己的摄影作品更上一层楼！

为什么有的摄影爱好者拍了十几年，照片还是很普通？也许就差一个完美的后期处理。与其原地踏步，不如静下心来，每天学习一个后期案例，试着让自己普通的照片成为大片。书中每个案例都有详细的视频讲解，而且提供了原片让大家练习。

很多时候，我们看到一个效果，却不知道如何制作出来。为此，作者花费了几年时间，总结了目前摄影圈常用的后期处理技法，不管是在风光、人文摄影方面，还是在画意摄影方面，都有详细讲解。相信只要跟着练习，后期处理技术会有飞一般的进步！

数码后期博大精深、案例丰富，尽管本书已经总结了各大摄影后期处理技法，但是，随着摄影技术的进步，各种效果层出不穷，所以我们要坚持学习新的技法，不断积累经验。读者如果在后期处理中遇到问题，可以关注我的公众号——教摄影（zhongbaidi），与我互动交流。

# 读 者 服 务

读者在阅读本书的过程中如果遇到问题，可以关注"有艺"公众号，通过公众号与我们取得联系。此外，通过关注"有艺"公众号，您还可以获取更多的新书资讯、书单推荐、优惠活动等相关信息。

扫码观看全书教学视频　　扫一扫关注"有艺"

资源下载方法：关注"有艺"公众号，在"有艺学堂"的"资源下载"中获取下载链接，如果遇到无法下载的情况，可以通过以下三种方式与我们取得联系：

1. 关注"有艺"公众号，通过"读者反馈"功能提交相关信息；
2. 请发邮件至 art@phei.com.cn，邮件标题命名方式：资源下载+书名；
3. 读者服务热线：（010）88254161~88254167 转 1897。

投稿、团购合作：请发邮件至 art@phei.com.cn。

# Contents 目 录

## CHAPTER 1  Photoshop 快速入门

### 1.1 界面的认识   8
- 1.1.1 认识Photoshop，我的初衷   8
- 1.1.2 改为老界面，性能优化   9

### 1.2 文件的管理与应用   11
- 1.2.1 文件打开的几种方式   11
- 1.2.2 移动文件的要点   14
- 1.2.3 照片修改存储技巧   16

### 1.3 选区的认识与应用   17
- 1.3.1 选区的作用   17
- 1.3.2 一定要懂的选区羽化   18
- 1.3.3 多边形套索工具与磁性套索工具   21

### 1.4 图层的核心应用   23
- 1.4.1 图层的重要性   23
- 1.4.2 图层的核心秘密   24
- 1.4.3 玩转图层技巧   27
- 1.4.4 图层实战1——合成   31
- 1.4.5 图层实战2——水印   33

## CHAPTER 2  后期处理工具的认识与应用

### 2.1 修复工具的认识与应用   36
- 2.1.1 修复技法的应用   36
- 2.1.2 修复实战   38
- 2.1.3 利用裁剪工具装裱照片   41

### 2.2 画笔工具的应用   42
- 2.2.1 画笔工具   42
- 2.2.2 画笔工具素材的应用   44
- 2.2.3 画笔工具实战1——给老照片上颜色   46
- 2.2.4 画笔工具实战2——去油光   52

### 2.3 渐变工具的应用   53
- 2.3.1 用渐变工具模拟渐变灰   53
- 2.3.2 用渐变工具去灰   54
- 2.3.3 用渐变工具做彩虹   56
- 2.3.4 用渐变工具做欧美色调   57

### 2.4 蒙版的应用   59
- 2.4.1 蒙版的初步认识   59
- 2.4.2 蒙版实战   60
- 2.4.3 用蒙版营造冷暖对比   62

### 2.5 色阶的应用   65
- 2.5.1 用色阶调整曝光   65
- 2.5.2 用色阶调整色调   66
- 2.5.3 色阶与白场   67
- 2.5.4 色阶与灰场   68
- 2.5.5 色阶与黑场   69

### 2.6 曲线的应用   69
- 2.6.1 曲线的6种曝光模式   69
- 2.6.2 曲线的冷调与暖调   72

### 2.7 色相/饱和度的应用   75
- 2.7.1 色相/饱和度的三要素   75
- 2.7.2 用色相/饱和度调单色调   78

### 2.8 调色工具的应用   79
- 2.8.1 色彩平衡的调色与校色   79
- 2.8.2 可选颜色的调色与应用   81

## CHAPTER 3 抠图、换天

3.1 有水的风景照如何换天空 86
3.2 阴天照片如何换天空 91
3.3 有树的风景照如何换天空 94
3.4 如何给照片添加银河效果 98
3.5 人文照片轻松换背景 102

## CHAPTER 4 影调控制

4.1 用暗调技法将杂乱的荷花变成作品 108
4.2 风光照片冷暖调的制作技法 111
4.3 人文背景的制作技法 115
4.4 白天变夜晚影调的制作技法 119
4.5 黑白暗调的制作技法 125

## CHAPTER 5 画意技法

5.1 简单实现墨荷效果 130
5.2 古建筑夜景变彩色版画效果 135
5.3 花草画意风雅调 139
5.4 泼墨荷花的油画纹理效果 141
5.5 墨竹的水墨画意效果 147
5.6 梨花的中国风效果 150
5.7 古建筑的水墨画效果 153
5.8 古建筑的水彩画效果 158
5.9 雪景的灰调画意效果 162
5.10 高调柿子的中国风效果 166
5.11 下雨街景的油画效果 170

## CHAPTER 6 光影塑造

6.1 日出风光的影调渲染与光影强化 174
6.2 古建筑弱光影调的调整 179
6.3 风光照片局部光影的制造 182
6.4 丛林耶稣光的渲染技法 187

## CHAPTER 7 意境营造

7.1 古建筑低饱和度的制作技法 196
7.2 黑白剪影创意的制作技法 203
7.3 风光意境的制作技法 209
7.4 高调徽派建筑意境的制作技法 214

## CHAPTER 8 特效营造

8.1 流行的黑金效果 220
8.2 高调荷花的制作技法 224
8.3 流水青苔的柔焦奥顿效果 228
8.4 风光照片HDR质感的制作技法 232
8.5 夜景创意光斑的效果 235
8.6 逼真的雾气效果 237
8.7 水滴、水晶球的制作技法 242

**CHAPTER 1**

# Photoshop 快速入门

本章将介绍Photoshop的软件界面和一些基础操作。通过本章的学习，读者可以对软件的操作有一个基本的认识。

## 1.1 界面的认识

本节将为读者介绍 Photoshop 的软件界面和界面的设置方式。通过这些操作，可以对软件有一个初步的了解。

### 1.1.1 认识Photoshop，我的初衷

扫码观看教学视频

安装好 Photoshop 后，在桌面双击软件的快捷图标 即可打开软件，这是软件默认的工作界面。

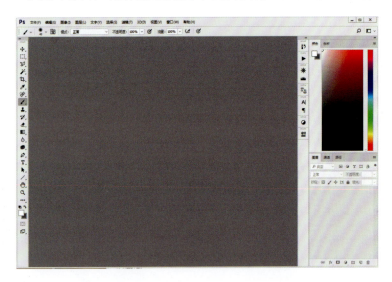

执行【窗口】/【工作区】/【摄影】菜单命令，可以将软件界面切换为摄影工作界面。

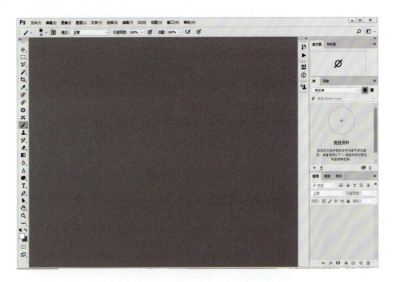

在软件界面的左侧是【工具栏】，单击上方的箭头按钮，可以将单排的工具栏切换为双排。

在软件界面右侧有多个窗口，其中常用的有【图层】、【通道】、【历史记录】和【动作】，其他不常用的窗口可以关闭。

将独立的窗口叠放在一起，就可以合并为一个整体的窗口。单击名称即可切换这些窗口。

执行【窗口】/【新建工作区】菜单命令，在弹出的【新建工作区】对话框中可以设置自定义工作区的名称，以及需要保存的选项，这样就可以快速调用需要的界面。

如果不小心关闭了需要使用的窗口，可以在【窗口】菜单中找到需要的窗口选项并选中，这样该窗口就能在界面中重新出现。

  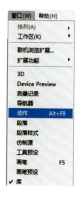

## 1.1.2　改为老界面，性能优化

扫码观看教学视频

当启动 Photoshop 后，系统会显示最近打开的【开始】工作区，并不是软件的工作区。

9

单击【新建】按钮，会弹出【新建文档】对话框。在对话框内可以设置新建文件的相关参数，如分辨率、颜色模式和背景内容等。

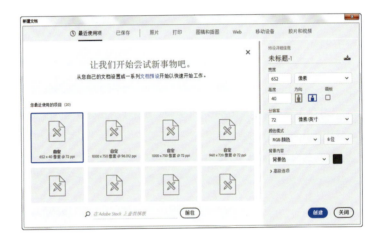

单击【打开】按钮，可以在弹出的对话框中寻找需要打开的图片文件。

如果不喜欢这个界面，想恢复为默认的操作界面。可以执行【编辑/首选项/常规】菜单命令，在打开的【首选项】对话框中取消勾选【没有打开的文档时显示"开始"工作区】和【打开文件时显示"最近打开的文件"工作区】复选框，并勾选【使用旧版"新建文档"界面】复选框。单击【确定】按钮重启软件，系统会直接显示软件的工作界面。

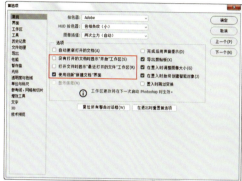

在【首选项】对话框中选择【界面】选项卡，可以根据系统提供的 4 种颜色，选择自己喜欢的界面颜色。

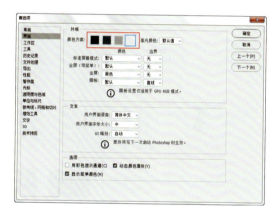

# 1.2 文件的管理与应用

本节将为读者讲解 Photoshop 常用的文件操作方式，包括文件的打开、移动和存储。

## 1.2.1 文件打开的几种方式

在 Photoshop 中一共有 3 种打开图片的方法。

扫码观看教学视频

第 1 种方法。在文件夹中选中需要打开的图片，然后拖曳鼠标将图片移动到软件的操作界面，松开鼠标就能打开该图片了。

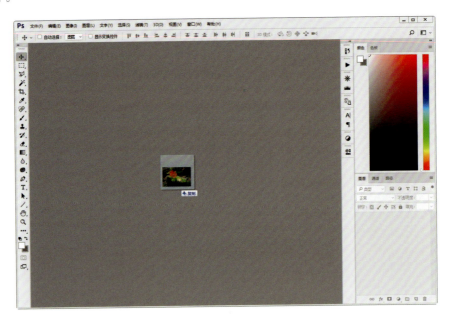

第 2 种方法。双击软件的操作界面，然后在弹出的对话框中选中需要打开的图片，并单击【打开】按钮。

第 3 种方法。执行【文件】/【打开】菜单命令，或按【Ctrl + O】组合键，在弹出的对话框中选择需要打开的图片。

如果在文件夹中选中多张图片并拖曳到软件的操作界面，系统会同时打开选中的多张图片。需要注意的是，如果同时打开的图片太多，可能会因为内存不够而造成软件卡顿或退出。

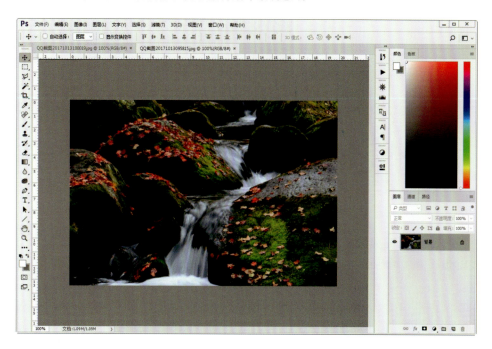

## 提示   TIPS

Photoshop中图片的常用处理格式有JPG、PNG、CR2和NEF等，不同类型的格式在文件夹中所显示的效果也有所不同。JPG和PNG格式的图片可以直接在文件夹中显示，而CR2和NEF格式的图片则无法直接显示，需要在Photoshop中才可以进行查看。

图片格式不同，显示效果也有所不同。打开PNG格式的图片，可以观察到背景部分显示为透明。打开CR2格式的图片，会在滤镜的编辑界面中显示。

如果在低版本的Photoshop中打开CR2和NEF格式的文件，系统会弹出无法打开图片的提示。读者需要安装更高版本的Camera Raw滤镜。

## 1.2.2 移动文件的要点

扫码观看教学视频

选中"素材文件/CH01/1.2.2"文件夹中的两张图片，然后在软件中打开。

拖曳图片，使其成为两个单独的窗口。

在【工具箱】中单击【移动工具】按钮 ，然后选中上方的"枫叶"图片，并拖曳鼠标将其移动到下方的"雪山"图片上。

"枫叶"图片的像素大于"雪山"图片，因此"枫叶"图片可以将其覆盖。如果将"雪山"图片移动到"枫叶"图片上，则不能完全覆盖。

## 1.2.3 照片修改存储技巧

扫码观看教学视频

存储图片的方式有保存和另存为两种。

选中"素材文件 /CH01/1.2.3"文件夹中的图片，然后在软件中打开。在没有对图片进行任何操作的情况下关闭该图片，系统不会出现任何提示对话框。

如果在打开的图片上做一些修改后再关闭图片，系统会弹出提示对话框，询问是否要保存修改后的图片。选择【是】选项，表示保存并覆盖该图片；选择【否】选项，表示不保存对图片的修改操作，仍然显示为打开时的状态；选择【取消】选项，表示放弃关闭操作，退回操作界面。

执行【文件】/【存储】菜单命令，或按【Ctrl + S】组合键，会弹出同样的对话框，操作方法是相同的。

执行【文件】/【另存为】菜单命令，或按【Shift + Ctrl + S】组合键，系统会弹出【另存为】对话框。在对话框中可以设置需要保存的图片的文件名和保存类型。

保持默认的 JPG 格式，单击【保存】按钮，系统会弹出【JPEG 选项】对话框。在对话框中可以设置图片的品质，单击【确定】按钮即可保存图片。此时关闭图片，系统不会弹出提示对话框。

## 1.3 选区的认识与应用

本节将讲解常用的选区绘制工具和一些基本操作。

### 1.3.1 选区的作用

扫码观看教学视频

打开"素材文件 /CH01/1.3.1"文件夹中的图片，单击【矩形选框工具】按钮，在图片上绘制一个矩形选框，可以观察到选框的边缘是一圈移动的蚂蚁线。读者可以在选框的内部对图片进行各种编辑，但在选框以外的部分则不能进行编辑。

保持选框的选中状态，然后单击鼠标右键，在弹出的快捷菜单中可以对选框进行编辑。

**重要选项的解释**

- 取消选择：可以消除绘制的选区，组合键为【Ctrl + D】。
- 选择反向：选择绘制选区的反向，组合键为【Shift + Ctrl + I】。
- 羽化：对选区的边缘进行一定像素的模糊。

选择【矩形选框工具】后，在工具的属性栏可以设置绘制选区的方式。

**重要选项的解释**

- 新选区：绘制新的选区，已有的选区会被替换。
- 添加到新选区：在绘制新选区的同时，已有的选区会被保留。如果新选区与已有选区有重叠，两者会合并为一个新的选区。
- 从选区减去：在已有的选区中进行绘制，绘制的部分会被减去，剩下的选区会成为一个新的选区。
- 与选区交叉：绘制的新选区与已有选区相交的部分会被保留成一个新选区，不相交的部分则消失。

长按【矩形选框工具】按钮不放，在弹出的下拉菜单中还可以选择【椭圆选框工具】选项。【椭圆选框工具】所绘制的选框呈椭圆形，若按住 Shift 键绘制选框，则呈现圆形。

除上述两种工具以外，【套索工具】、【多边形套索工具】和【魔棒工具】也是常用的绘制选区的工具。

## 1.3.2　一定要懂的选区羽化

扫码观看教学视频

羽化是指将锐利的选区边缘变得柔和，形成颜色递减的过渡效果。选区的羽化是绘制选区及后续操作中非常重要的一个步骤。打开"素材文件/CH01/1.3.2"文件夹中的图片。

使用【矩形选框工具】在图片中绘制一个矩形。在绘制选区时需要注意，如果先在属性栏上设置【羽化】的数值，再绘制选区，会发现选区会变成圆角矩形。如果要恢复为直角矩形选区，需要将【羽化】数值还原为 0。

> **提示 TIPS**
> 如果要对选区进行羽化，建议先绘制选区，再单击鼠标右键，在弹出的快捷菜单中选择【羽化】选项，进行羽化。

在【图层】面板中单击【创建新的填充或调整图层】按钮，在弹出的菜单中选择【曲线】选项，同时弹出【曲线】的属性面板。

向上移动曲线，使其成为一个弧线，可以观察到选区部分明显变亮，选区边缘非常明显，也非常生硬。

> **提示 TIPS**
> 如果不小心将【曲线】调整图层的参数面板关闭，可以执行【窗口】/【属性】菜单命令重新打开。

在【图层】面板中选择【曲线1】图层的蒙版，【属性】面板会切换为图层蒙版的属性。

在【属性】面板中设置【羽化】为5像素，可以观察到选区的边缘由浓到淡，形成一个渐变效果，边缘也变得不明显。

继续设置【羽化】为20像素，可以观察到选区的边缘几乎观察不到，与原图的过渡也显得更加自然。

## 1.3.3 多边形套索工具与磁性套索工具

扫码观看教学视频

打开"素材文件/CH01/1.3.3"文件夹中的图片,可以观察到天空和地面有明显的分界线。

使用【多边形套索工具】沿着天空的边缘进行选择。当选区的末尾与起始处相接时,光标会显示一个小圆圈提示选区可以闭合。

在使用【多边形套索工具】时,会发现选区不能很好地贴合天空的边缘,使用【磁性套索工具】则能很好地解决这一问题。使用【磁性套索工具】勾选天空边缘时,可以明显感觉选区的边缘会自动吸附在天空与地面的分界线位置。

使用【魔棒工具】单击天空的位置,也可以快速选择一部分天空。多次选择天空后就可以建立完整的天空部分的选区。

相比【魔棒工具】，用【快速选择工具】选择天空部分则更加方便。

使用【快速选择工具】在地面部分绘制，可以快速为其建立选区。

【多边形套索工具】和【磁性套索工具】根据图像的轮廓绘制选区，而【魔棒工具】和【快速选择工具】则根据图像的颜色绘制选区。由于两类工具的工作原理不同，所以在选择工具时也需要灵活运用。

# 1.4 图层的核心应用

本节将为读者讲解图层的一些基本操作和使用技巧。通过学习这一节的内容，读者将能制作出一些简单的效果。

## 1.4.1 图层的重要性

扫码观看教学视频

图层是Photoshop中一个非常重要的概念。执行【文件】/【新建】菜单命令可以创建一个背景为白色的图层，这个图层是锁定的状态，不能被移动。

单击【创建新图层】按钮 ，会在【背景】图层上方新建一个透明背景的【图层1】。可以将这个透明的图层理解为一个透明的"保鲜膜"。在这个"保鲜膜"上可以进行任意操作，从而展示不同的效果。

使用【画笔工具】 在【图层1】上绘制数字1，然后继续新建两个图层，并绘制数字2和数字3。每一个数字对应一个图层，方便后面的操作。

> **提示** TIPS
>
> 4个图层产生叠加的效果，将可显示的部分重叠在一起，从而在画布上显示出最终的效果。

使用【移动工具】 ，然后选中图层【2】，此时拖曳鼠标，可以发现数字2会随着鼠标移动位置，但另外两个数字的位置不变。

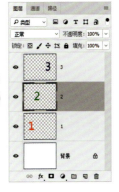

选中图层【3】并使用【移动工具】，移动其位置，将数字2和数字3进行重叠。可以观察到数字3覆盖在数字2的上方。

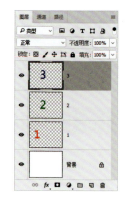

> **提示** TIPS
> 
> 除了在【图层】面板中可以选择图层【3】，还可以将光标放在数字3的上方单击鼠标右键，在弹出的快捷菜单中选择图层【3】。

选中图层【3】，然后将其放在图层【2】的下方，可以观察到数字2覆盖在数字3的上方。由此可以得到，上方图层会覆盖下方图层的内容。

> **提示** TIPS
> 
> 如果觉得【图层】面板中的缩略图太小，不方便观察。选中任意图层的缩略图，并单击鼠标右键，在弹出的快捷菜单中可以设置缩略图的大小。

【背景】图层是锁定状态，不能被移动。如果需要移动【背景】图层，需要双击图层，然后在弹出的【新建图层】对话框中单击【确定】按钮，就可以将图层解锁。解锁后的图层与其他图层一样，可以移动位置或调整图层顺序。

 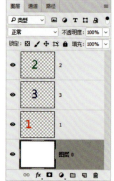

## 1.4.2 图层的核心秘密

在上一节中，我们讲解了新建图层的方式，图层的类型和移动图层的方法，这一节将讲解图层的其他重要的操作方法。

扫码观看教学视频

打开"素材文件/CH01/1.4.2"文件夹中的背景图片。

将文件夹中的飞鸟图片也导入操作界面,成为一个单独的文件。

使用【移动工具】将飞鸟图片移动到背景图片,可以看到飞鸟图片中的天空背景与整个画面不和谐,需要将飞鸟图片的天空部分抠掉。

选中【图层1】，使用【魔棒工具】选中飞鸟图片的天空背景，形成一个选区。

按 Delete 键将选区内的天空背景删除，然后按【Ctrl + D】组合键取消选区，此时【图层1】中只保留了飞鸟。如果隐藏【背景】图层，就会看到飞鸟图片会变成透明的背景。

导入的飞鸟素材比较大，需要将其缩小。选中【图层1】，然后按【Ctrl + T】组合键打开【自由变换】工具，接着按住 Shift 键拖曳其中一个角点，飞鸟会等比例地放大或缩小。当拖曳到合适的大小后，按 Enter 键确定。

选中【图层1】并向下拖曳到【图层】面板的【新建图层】按钮上，系统会自动将【图层1】复制一份，生成【图层1拷贝】图层。此时复制的图层与原图层完全重叠，使用【移动工具】可以将复制的飞鸟素材移动到合适的位置。

## 提示 TIPS

【Ctrl + J】组合键是复制图层的快捷键。

按照上述方法再复制两个飞鸟，并移动到合适的位置。

## 1.4.3 玩转图层技巧

扫码观看教学视频

在上一节的内容中，我们讲解了图层的移动和复制，这一节讲解图层的重命名和各种合并方式。

打开"素材文件/CH01/1.4.3"文件中的Psd文件，里面包含了多个图层。

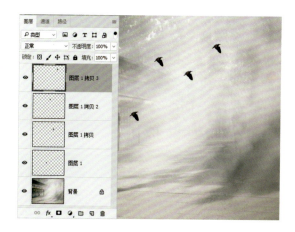

双击【图层1】的文字部分，可以观察到图层的名称可以进行重命名。我们将该图层重命名为【飞鸟】，然后按 Enter 键确定。

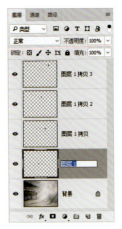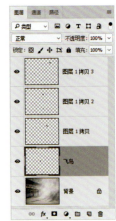

按照上面的方法，将其他飞鸟的图层依次重命名，需要注意的是每个图层的名字要有所区别，方便后续查找、修改。

选中【飞鸟】图层，然后按 Ctrl 键选择【飞鸟1】图层，此时两个图层会被同时选中。

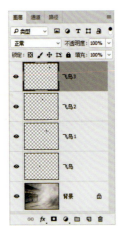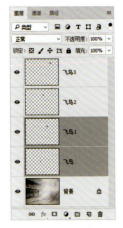

保持两个图层为选中状态，然后按【Ctrl + E】组合键将其合并为一个图层。也可以在图层上单击鼠标右键，在弹出的快捷菜单中选择【合并图层】选项。

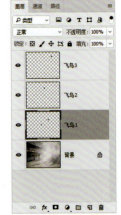

> **提示　TIPS**
> 执行【图层】/【合并图层】菜单命令也可以达到相同的效果。

使用【移动工具】移动合并后的【飞鸟1】图层,可以观察到两只飞鸟都进行了移动。

关闭【飞鸟2】图层前的【指示图层可见性】按钮,会发现该图层的飞鸟素材不显示。

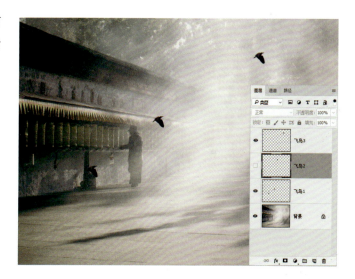

选中【飞鸟3】图层单击鼠标右键,在弹出的快捷菜单中选择【合并可见图层】选项,可以观察到除不显示的【飞鸟2】图层以外,其余图层都合并为一个图层了。

> **提示 TIPS**
>
> 在任何可见图层上单击鼠标右键,都能在快捷菜单中选择【合并可见图层】选项。

在【历史记录】面板中返回上一步的状态，此时所有图层可见且没有拼合。如果找不到【历史记录】面板，执行【窗口】/【历史记录】菜单命令即可打开该面板。

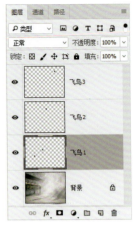

继续隐藏【飞鸟2】图层，然后单击鼠标右键，在弹出的快捷菜单中选择【拼合图像】选项，系统会弹出提示框。

单击【确定】按钮，拼合的图片会扔掉不显示的【飞鸟2】图层的信息，其余图层会合并为一个图层。

## 1.4.4 图层实战1——合成

扫码观看教学视频

Photoshop 快速入门

本节将通过一个实例，练习合成照片的方法。

**01** 打开"素材文件/CH01/1.4.4"文件中的背景图片。我们需要在这张照片上添加一些飞鸟。

**02** 打开"素材文件/CH01/1.4.4"文件中的飞鸟素材。由于飞鸟素材是PNG格式，在软件中打开，背景呈透明效果。

**03** 使用【移动工具】将飞鸟素材移动到背景图片上，此时飞鸟素材太大，需要将其调小。

31

**04** <mark>调整素材的大小和位置</mark> 按【Ctrl + T】组合键打开【自由变换】工具，然后等比例缩小飞鸟素材到合适的大小。

**05** 将飞鸟素材放在合适的位置后，按 Enter 键确定。

**06** <mark>修改图层名称</mark> 为了方便后续修改，可以将飞鸟素材的图层名称由【图层 1】更改为【飞鸟】。

如果觉得照片中飞鸟的数量太多，可以使用【橡皮擦工具】擦掉多余的飞鸟。如果想移动个别飞鸟的位置，可以使用【套索工具】为单独的飞鸟做选区，并使用【移动工具】移动其位置。

Photoshop 快速入门

## 1.4.5 图层实战2——水印

扫码观看教学视频

本节将通过一个实例，讲解如何制作图片水印。

**01** 打开"素材文件/CH01/1.4.5"中的背景图片。

**02** 打开"素材文件/CH01/1.4.5"中的水印素材。由于水印素材是PNG格式，背景部分呈现透明效果。

### 提示 TIPS

如果想制作自己喜欢的水印效果，只需要新建一个透明背景的图片，然后使用【横排文字工具】输入水印文字，并保存为PNG格式即可。

**03** 使用【移动工具】，将水印素材移动到背景图片上。水印的位置不固定，可放置在图片的任意位置。

**04** 转换水印的颜色 选中水印素材的图层，然后单击【图层】面板下方的【添加图层样式】按钮，在弹出的菜单中选择【颜色叠加】选项。

33

**05** 在弹出的【图层样式】对话框中设置【颜色】为白色。此时水印的颜色由原来的绿色变成了白色。如果想将水印设置为其他颜色，调整【颜色】的色块即可。

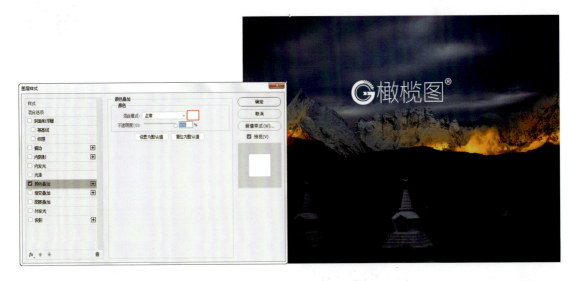

**06** 降低水印透明度 选中【图层1】，然后设置【不透明度】为50%，此时水印呈现合适的效果。需要注意的是，【不透明度】的数值不是固定的，可按照自己的喜好进行调整。

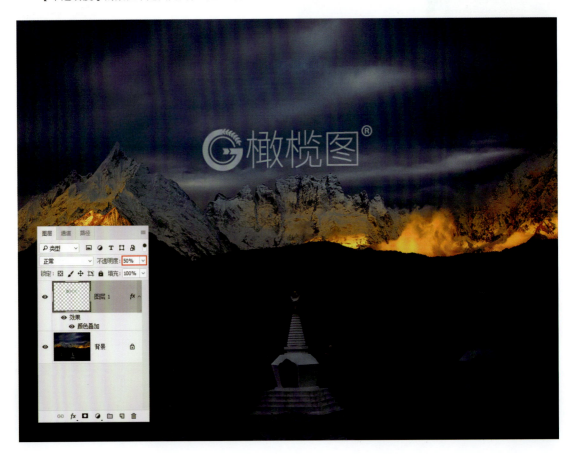

# CHAPTER 2
# 后期处理工具的认识与应用

本章将介绍Photoshop的一些常用的后期处理工具。通过本章的学习,读者可以掌握后期处理的关键技术并进行简单的应用。

## 2.1 修复工具的认识与应用

本节将为读者介绍【污点修复画笔工具】 、【修复画笔工具】 、【修补工具】 和【仿制图章工具】 等修复类工具的使用方法。

### 2.1.1 修复技法的应用

扫码观看教学视频

修复工具可以修复图片中的瑕疵，是常用的后期工具之一。常用的修复工具有【污点修复画笔工具】 、【修复画笔工具】 、【修补工具】 和【仿制图章工具】 。

【污点修复画笔工具】 可以利用画笔涂抹图片有瑕疵的部分，系统会自动计算出修复后的效果。

▲ Before

▶ After

> **提示** TIPS
>
> 选中【污点修复画笔工具】 ，在属性栏中勾选【对所有图层取样】复选框，即可对所有图层进行修复。该功能的优点是修复后不会改变原有图片，方便返回之前的效果。

使用【修复画笔工具】 需要先按住 Alt 键选择参考图像范围，然后用笔刷绘制有瑕疵的位置，从而使参考图像范围覆盖有瑕疵的部分。该工具的使用方法与【仿制图章工具】 类似。

▲ Before

▶ After

使用【修补工具】 需要先绘制图片中有瑕疵的部分使其形成选区，然后移动该选区到图片中合适的位置覆盖瑕疵部分。

▶ Before  ▼ After

## 2.1.2 修复实战

扫码观看教学视频

本节将通过一个实例,来讲解如何抠除原有背景并添加新的背景。

▲ Before

▶ After

01 打开"素材文件/CH02/2.1.2"文件夹中的沙漠骆驼图片。此时,背景的天空部分不是很好看,需要将其抠除并替换一个新的背景,将原来看起来是废片的照片处理成一张优美的剪影照片。

02 <mark>抠除背景</mark> 双击【背景】图层，解除锁定状态，图层自动命名为【图层0】。

03 使用【魔术橡皮擦工具】.单击蓝色的天空背景，可以观察到背景部分被擦掉，形成透明的背景。

04 <mark>添加新背景</mark> 打开"素材文件/CH02/2.1.2"文件夹中的火烧云图片，然后使用【移动工具】.将其移动到"沙漠骆驼"图片中。

05 导入的火烧云图片挡住了画面主体，在【图层】面板中调整图层的顺序，将【图层1】放置于【图层0】下方。

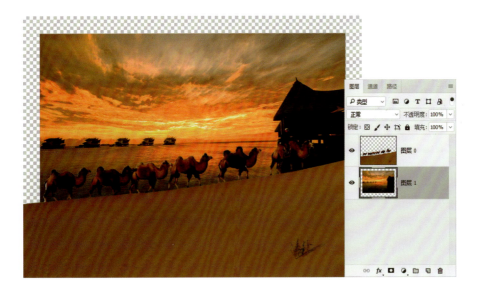

**06 调整图片位置与颜色** 选中【图层1】，然后按【Ctrl+T】组合键打开【自由变换】工具，接着调整【图层1】的大小并移到合适的位置。

**07** 观察图片会发现画面整体不是很和谐，尤其是光影部分显得很假。选中【图层0】，然后执行【图像】/【调整】/【色相/饱和度】菜单命令。

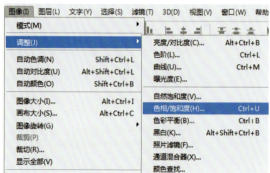

**08** 在弹出的【色相/饱和度】对话框中，设置【明度】为 –100，此时【图层0】会变为黑色，画面形成剪影效果。至此，本案例制作完成。

## 2.1.3 用裁剪工具装裱照片

扫码观看教学视频

【裁剪工具】是将图像进行裁剪的工具。不仅可以裁掉图片多余的部分，也可以为图片增加边框。

选中需要裁剪的图片后，单击【裁剪工具】按钮，会在图片的边缘出现一个边框，这就是裁剪框。

在工具属性栏中，可以设置裁剪框的预设长、宽和裁剪尺寸。默认的【比例】选项是按照图片自身的比例进行裁剪的。

移动裁剪框，可以直观地观察到裁剪的效果。如果裁剪框的范围超出图片，会将超出的部分显示为背景色的颜色。

### 提示 TIPS

如果不勾选工具属性栏中的【删除裁剪的像素】复选框，超出图片的部分会显示为透明效果。

如果想制作出相框效果，可以将图片复制一层，并将【背景】图层放大制作出边框，填充边框的颜色，然后为图片添加【投影】图层样式即可。

### 提示　　　　　　　　　　　　　　　　　　　　　　　　　　　　　　　TIPS

选中【图层1】，然后单击【添加图层样式】按钮，在弹出的菜单中选择【投影】选项即可在对话框中设置投影的样式。

## 2.2　画笔工具的应用

本节将为读者讲解【画笔工具】的相关操作方法和实际应用。

### 2.2.1　画笔工具

扫码观看教学视频

【画笔工具】会根据【前景色】的颜色在图片上进行绘制。在工具属性栏中可以设置【画笔工具】不同的笔刷效果，也可以设置画笔的模式和不透明度等属性。

后期处理工具的认识与应用

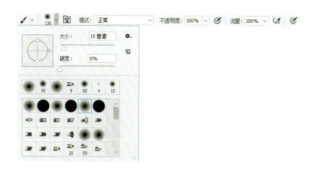

**重要选项解释**

- 大小：设置画笔的大小。
- 硬度：设置笔刷边缘的羽化效果。数值越大，笔刷边缘越锐利。

硬度：100

硬度：0

- 笔刷：设置画笔绘制的笔刷效果。可以选择系统提供的默认笔刷，也可以选择从网络上下载的自定义笔刷。

- 模式：设置画笔绘制的效果与底部图片的叠加效果，默认使用【正常】模式。
- 不透明度：设置画笔绘制效果的透明度，数值越小，绘制的效果越透明。

不透明度：100%　　　　　　　　　　　　不透明度：50%

- 流量：设置画笔绘制的颜色浓度，数值越大，颜色越深。

流量：100%　　　　　　　　　　　　流量：50%

## 2.2.2　画笔工具素材的应用

扫码观看教学视频

【画笔工具】　除了可以使用软件内置的笔刷，还可以加载外部的笔刷。

在【笔刷】面板单击右上角的齿轮按钮，在下拉菜单中选择【载入画笔】选项，在弹出的【载入】对话框中选择【文件名】为月亮笔刷的文件。这样就可以将外部笔刷加载到软件中了。

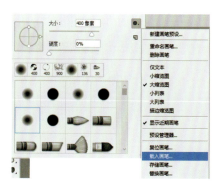

此时下拉笔刷面板，就可以在面板中找到刚才载入的月亮笔刷中的各种笔刷效果。

任意选中一个笔刷，就可以观察到笔刷效果显示为月亮的形态。

按键盘上的中括号键可以放大或缩小笔刷的大小。需要注意的是，只有当系统的输入法在英文状态下，按中括号键才能生效，在中文输入法的状态下是无法调整画笔大小的。

调整好笔刷的大小后，在图片上单击一下鼠标，就可以生成一个月亮的效果。

| 提示 | TIPS |
| --- | --- |

在使用笔刷绘制前，最好先新建一个空白图层。在空白的图层上进行绘制，可以方便后期修改。

## 2.2.3 画笔工具实战1——给老照片上颜色

扫码观看教学视频

本节将通过一个实例，为读者讲解如何用【画笔工具】 为老照片上色。

▲ Before

▶ After

**01** 选中"素材文件/CH02/2.2.3"文件夹中的老照片，然后在Photoshop软件中打开。这是一张黑白照片，需要通过【画笔工具】配合选区和图层混合模式，把它制作成彩色的照片。

**02** 绘制领结和帽绳的颜色。在【图层】面板单击【创建新图层】按钮 创建一个空白图层，使用【快速选择工具】选中领结部分，创建一个选区。

### 提示　　　　　　　　　　　　　　　　　　　　　TIPS

建立选区后，使用【画笔工具】上色就不会涂抹到选区以外的部分了。

03 设置【前景色】为紫红色，然后使用【画笔工具】.在领结的选区内进行绘制。绘制的颜色与照片很不和谐，显得生硬。

04 绘制完成后按【Ctrl + D】组合键取消选区，然后设置【图层1】的混合模式为颜色，【不透明度】为40%。后加的紫红色就可以和领结原有的颜色自然地融合了。

05 用同样的方法绘制帽绳的颜色。

06 绘制背景的颜色 新建一个图层，设置【前景色】为黄色，然后使用【画笔工具】.沿着背景部分进行绘制。

> **提示** TIPS
>
> 在绘制背景部分时，需要注意不要覆盖人物部分。灵活调整笔刷的大小可以方便绘制。

**07** 此时会发现背景的黄色挡住了帽绳的紫色。在【图层】面板中将【图层2】移动到【图层1】的下方，就可以将被遮住的帽绳显示出来。

**08** 选中【图层2】，然后设置图层的混合模式为颜色，【不透明度】为30%。后加的黄色就可以和原有背景的颜色很好地融合了。

**09** 绘制脸部的颜色 新建一个图层，设置【前景色】为浅橙色，然后使用【画笔工具】绘制脸部的颜色。

后期处理工具的认识与应用

10 设置【图层3】的混合模式为颜色,然后设置【不透明度】为50%。

> **提示** TIPS
>
> 也可以将人物脸部的颜色设置为浅粉色,这样人物的气色会显得更好。

11 <mark>绘制帽子和衣服的颜色</mark> 新建一个图层,设置【前景色】为深蓝色,然后使用【画笔工具】绘制帽子和衣服深色的部分。

12 设置【图层4】的混合模式为颜色,然后设置【不透明度】为20%。

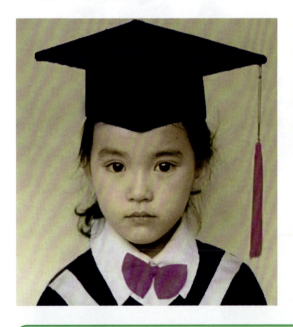

> **提示** TIPS
>
> 帽子和衣服深色的部分轮廓较为明显,可以使用【快速选择工具】绘制选区后填充【前景色】。

13 新建一个图层，设置【前景色】为浅黄色，然后使用【画笔工具】 .绘制衣服浅色的部分。

14 设置【图层5】的混合模式为颜色，然后设置【不透明度】为50%。至此，本案例制作完成。

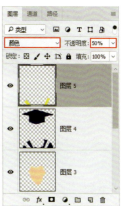

## 2.2.4　画笔工具实战2——去油光

扫码观看教学视频

【画笔工具】除了可以为照片上色，还可以为照片进行去油光和磨皮的效果。

在使用【画笔工具】去除人物面部的油光或磨皮时，先按住 Alt 键，光标会变成【吸管工具】的光标，然后选择照片上合适的颜色作为【前景色】。

使用【画笔工具】去除人物面部的油光或磨皮时，一定要在原有的图片上新建一个空白图层。

为了确保绘制时图片更加自然，设置画笔的【流量】为 10%，笔刷选择带羽化的效果。

设置完后，就可以在新建的图层上进行绘制。

▲ Before

▶ After

### 提示　TIPS

在绘制的同时，要不断吸取周边的颜色，确保图片效果更加自然。具体过程可以观看教学视频。

## 2.3 渐变工具的应用

本节将讲解【渐变工具】■.的使用方法和应用范围。

### 2.3.1 用渐变工具模拟渐变灰

扫码观看教学视频

【渐变工具】■.可以根据【前景色】和【背景色】生成一个带过渡的颜色效果。

选中【渐变工具】后，在工具属性栏中可以选择渐变的颜色模式。其中第1个色块是根据【前景色】和【背景色】自动生成的效果，第2个色块是根据【前景色】生成带透明的过渡效果。其他的色块都是系统预置的一些渐变效果。

在属性栏中系统提供了5种渐变的模式，前两种是日常使用频率较高的模式。

- 线性渐变 ■：形成直线形的渐变效果。
- 径向渐变 ■：形成圆形的渐变效果。
- 角度渐变 ■：形成带角度分割的渐变效果。

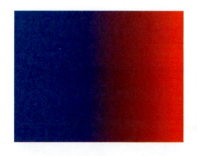 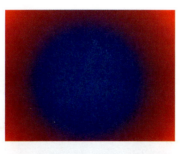 

- 对称渐变 ■：形成圆柱形对称的渐变效果。

- 菱形渐变 ■：形成菱形的渐变效果。

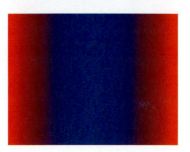 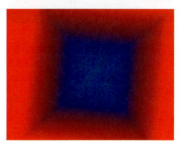

当使用由黑色到透明的渐变方式，并叠加在一张图片上时，可以提升图片的色彩饱和度。

▲ Before

▶ After

## 2.3.2 用渐变工具去灰

扫码观看教学视频

使用【渐变映射】工具可以将原本灰暗的图片增加饱和度，使其颜色变得更加鲜艳。

当打开一张看起来很灰的图片后，在【图层】面板单击【创建新的填充或调整图层】按钮 ，在弹出的菜单中选择【渐变映射】选项。

在弹出的【属性】面板中设置【渐变映射】为由黑到白的渐变效果。此时图片会由原来的彩色变成黑白图片。

▲ Before

▶ After

选中【渐变映射】的图层，然后设置混合模式为明度，此时黑白图片会重新变成彩色图片，且颜色更加鲜艳。

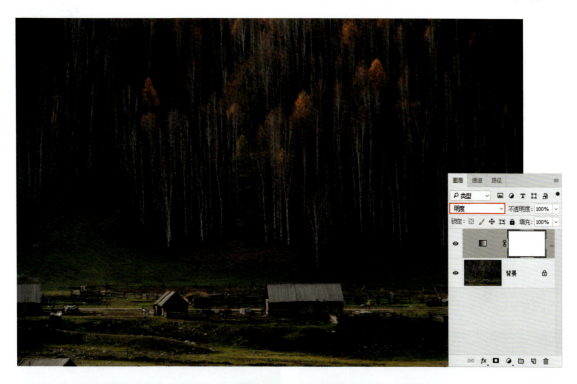

## 提示　TIPS

除了可以使用【渐变映射】工具为图片去灰，还可以使用Photoshop自带的Camera Raw滤镜去灰。

在Camera Raw滤镜中打开泛灰的图片，在【效果】选项卡中设置【去除薄雾】的【数量】为100，图片就会显得更鲜艳。

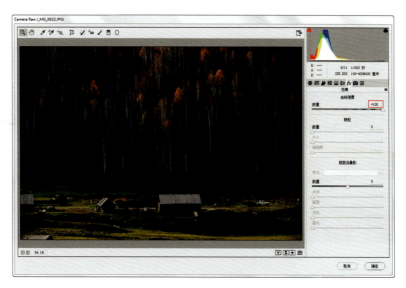

## 2.3.3 用渐变工具做彩虹

扫码观看教学视频

使用【渐变工具】■,选择【透明彩虹渐变】样式并配合【自由变换】工具,可以为照片添加彩虹的效果。

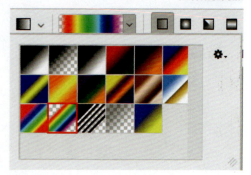

在图片上拉出一个彩虹渐变色条,这个色条的宽度就是彩虹的宽度。

选中彩虹渐变的图层,然后按【Ctrl + T】组合键打开【自由变换】工具对其进行角度变换。

在工具属性栏中单击【在自由变换和在变形模式之间切换】按钮■,切换为变形模式,然后慢慢调整彩虹弯曲的效果。变形后再将其缩小到合适的大小,并摆放在合适的位置。

选中彩虹图层,然后调整图层的【不透明度】数值,让整个图片看起来更加真实。

## 2.3.4　用渐变工具做欧美色调

扫码观看教学视频

本节将要讲解如何使用【渐变工具】，将照片调整出欧美色调。

选中需要调整的图片，然后在【图层】面板中为其添加【渐变映射】调整图层。

在【属性】面板中选择【紫，橙渐变】类型，此时图片会叠加紫色和橙色。

在【图层】面板中设置【渐变映射】调整图层的混合模式为颜色，并降低【不透明度】的数值为50%，图片就会呈现欧美色调。这种色调除了可以制作欧美电影色调，还可以制作类似陈旧、废墟和旧时光这种类型的照片。

## 2.4 蒙版的应用

本节将为读者讲解蒙版的概念和使用方法。

### 2.4.1 蒙版的初步认识

扫码观看教学视频

蒙版是 Photoshop 中一个重要的概念。通过蒙版可以将两个图层进行不同形式的重叠。

选中上方的图层，然后在【图层】面板下方单击【添加图层蒙版】按钮 ▢，就会发现在选中图层的右边出现一个白色的蒙版缩略图。

使用【画笔工具】 ✎ 在添加了蒙版的图层上进行绘制，可以发现笔刷绘制的部分显示了下方图层的信息。笔刷绘制的部分，在蒙版缩略图上显示为黑色。

将【前景色】设置为白色，再次在相同的位置进行绘制，可以发现图像又恢复成添加蒙版图层的效果。

由此，可以总结出黑色的蒙版部分会显示下方图层的信息，白色的蒙版部分会显示添加蒙版图层的信息。

## 2.4.2　蒙版实战

扫码观看教学视频

在日常生活中，我们会见到一些黑白照片中保留了部分色彩，下面通过一个实例为读者讲解这种效果是如何制作的。

▲ Before　　　　　　　　　　　　　▶ After

01 打开"素材文件/CH02/2.4.2"文件夹中的图片，是一组彩色的小鸟和铃铛。

02 在【图层】面板下方单击【创建新的添加或调整图层】按钮，然后在弹出的菜单中选择【色相/饱和度】选项。

> **提示** TIPS
>
> 在【图像】/【调整】菜单中也存在相同的命令，相信有读者会疑惑这两者之间有什么区别。
> 使用调整图层里的命令会单独创建一个带蒙版的图层，且命令的参数可以随时在【属性】面板中进行修改。而使用【图像】/【调整】菜单中的命令则必须先复制背景图层，并手动创建一个蒙版，且命令的参数不能随时修改。

03 在【背景】图层上方出现【色相/饱和度】的调整图层。单击【图层缩略图】，在【属性】面板中调整【饱和度】为 –100，图片由彩色变成黑白效果。

04 单击【蒙版缩略图】，使用【画笔工具】，在图片上涂抹小鸟的帽子部分，可以观察到涂抹部分变成原来的红色。至此，本案例制作完成。

61

> **提示**      **TIPS**
> 
> 在蒙版上进行绘制时，需要确认【前景色】为黑色，帽子才能显示为红色效果。

## 2.4.3 用蒙版营造冷暖对比

扫码观看教学视频

在上一节的内容中，讲解了使用画笔工具绘制蒙版内容。这一节将通过一个实例，讲解如何通过选区添加蒙版。

▲ Before

▶ After

01 打开"素材文件/CH02/2.4.3"文件中的照片,需要将天空部分转换为冷色调。

02 选中【背景】图层,然后按【Ctrl+J】组合键将复制图层,方便后面添加蒙版。

03 选中复制的【图层1】,然后执行【滤镜】/【Camera Raw 滤镜】菜单命令,在弹出的对话框中设置【色温】为 −100,单击【确定】按钮 退出对话框。

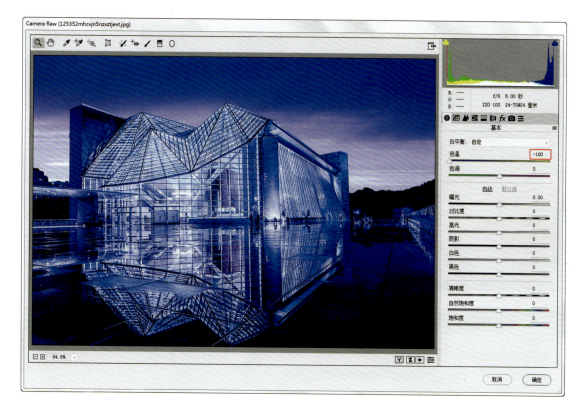

**04** 观察建筑部分较为整齐，使用【快速选择工具】为天空部分快速创建选区。

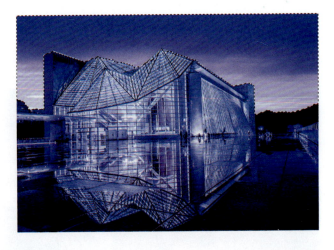

**05** 在【图层】面板下方单击【添加图层蒙版】按钮，为冷色调的图层添加一个蒙版。可以观察到选区部分保留冷色调的天空，而建筑部分则为图片原有效果。至此，本案例制作完成。

### 提示 TIPS

也可以使用【画笔工具】在蒙版上涂抹天空部分，但是在涂抹天空与建筑交界的位置时，需要非常小心地操作，且速度很慢。使用选区添加蒙版只需要一步就可以完成。

# 2.5 色阶的应用

本节将讲解色阶的使用方法。通过本节的学习，能让你了解一些调整图片亮度的方法。

## 2.5.1 用色阶调整曝光

扫码观看教学视频

色阶是调整图片曝光的一个重要方法，执行【图像】/【调整】/【色阶】菜单命令，或是按【Ctrl + L】组合键，皆可打开【色阶】对话框。

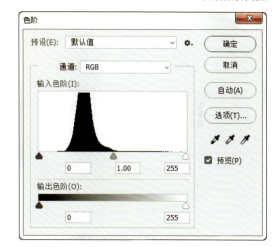

**重要选项讲解**

- 预设：可以在下拉菜单中选择系统提供的色阶预设参数，也可以将自定义参数保存为预设。
- 通道：根据不同的通道设置色阶，会有不同的效果。
- 暗部 / 中间调 / 高光：通过移动 3 个滑块，可以设置图片的亮度。
- 输出色阶：通过移动两端的滑块，设置图片的亮度。

RGB

红

绿

蓝

## 2.5.2 用色阶调整色调

扫码观看教学视频

通过色阶工具除了可以手动调整图片的亮度和色调，还可以自动调整其参数。

执行【图像】/【调整】/【色阶】菜单命令，或是按【Ctrl + L】组合键，打开【色阶】对话框。在对话框的右边有【自动】按钮 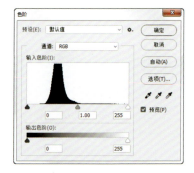。

单击【自动】按钮 ，图片会根据系统的计算，自动调整其亮度和色调。可以观察到，自动调整后图片的饱和度增加，整体效果更好。

▲ Before

▶ After

单击【选项】按钮 选项(T)... ，弹出【自动颜色校正选项】对话框。该对话框中的选项一般不做调整，只需了解即可。

## 2.5.3 色阶与白场

白场是将图片中选中的部分设置为最亮，即纯白色。

在【色阶】对话框中单击【在图像中取样以设置为白场】按钮 ，然后单击图片中30%灰度色块，会发现图片中比30%灰度色块颜色浅的色块都变成了白色。

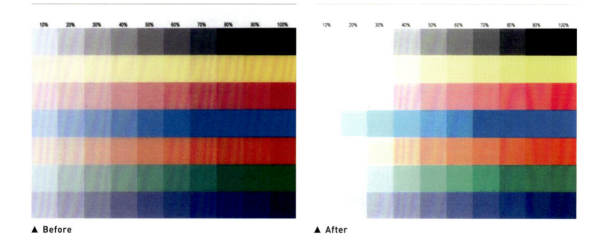

▲ Before        ▲ After

如果需要将图片返回初始状态，只需要按住 Alt 键不放，就可以看到，原本的【取消】按钮 取消 变成了【复位】按钮 复位 ，单击该按钮，就可以将图片还原。

## 2.5.4 色阶与灰场

扫码观看教学视频

灰场是将偏色的图片进行校色，使其显示为真实的颜色。

当打开一张偏色的照片时，按【Ctrl + L】组合键打开【色阶】对话框，然后单击【在图像中取样以设置为灰场】按钮 ，选择场景中的灰色部分，偏色的照片就会转换为较为真实的颜色效果。

▲ Before

▶ After

这张猫咪照片偏色严重，且没有可以选择的灰色进行灰场校正。遇到这种情况，就需要根据个人经验选择其他工具进行校色。例如【色相/饱和度】工具或【色彩平衡】工具可以将其校正为比较真实的颜色效果。

▲ Before

▶ After

## 2.5.5 色阶与黑场

扫码观看教学视频

黑场常用于处理暗色背景的照片，与白场的作用相反，是设置场景中最暗的部分。

在【色阶】对话框中单击【在图像中取样以设置为黑场】按钮 ，然后单击场景中需要变暗的部分，就会发现选中的位置都会变成纯黑色。

▲ Before

▶ After

# 2.6 曲线的应用

本节将为读者讲解用【曲线】工具调整图片亮度和色调的方法。

## 2.6.1 曲线的6种曝光模式

扫码观看教学视频

【曲线】工具与【色阶】工具类似，都是调整照片亮度和色调的工具。相比【色阶】工具，使用【曲线】工具调整照片会显得更加柔和。

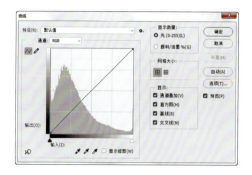

## 重要选项讲解

- 预设：根据系统提供的参数快速调整照片。
- 通道：系统提供【RGB】、【红】、【绿】和【蓝】共 4 个通道，用以调整照片的亮度和色调。
- 输入：通过移动两端的滑块，调整照片的亮度。其原理与【色阶】类似。
- 输出：与【色阶】对话框中的【输出色阶】类似。
- 在图像上单击并拖动可修改曲线：单击该按钮后，可以在照片的任意位置单击拾取颜色，并在曲线上生成调整的控制点，从而进行局部调整。

通过拖曳曲线，可以生成不同的曝光效果。

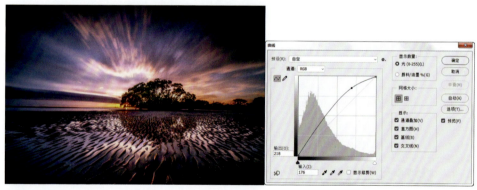

亮度

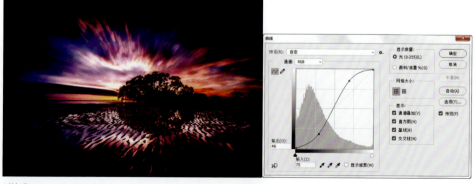

对比度

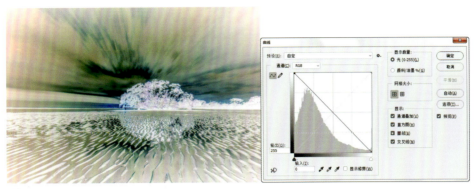
反相

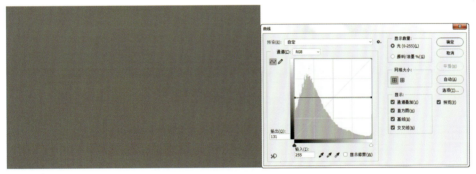
中性灰

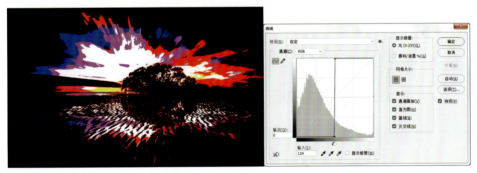
强反差

合并像素

## 2.6.2 曲线的冷调与暖调

扫码观看教学视频

本节通过一个简单的案例,为读者讲解如何用【曲线】工具调整照片的色调。

▼ After ▶ Before

01 打开"素材文件/CH02/2.6.2"文件夹中的雪山照片。雪山照片的暖色调不够，需要为其增加暖色调。

02 在【图层】面板中添加一个【曲线】调整图层。

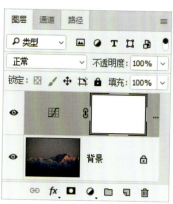

03 选中【图层缩略图】，然后在【属性】面板中设置【红】、【绿】和【蓝】通道的曲线，使整张照片变为暖色调。

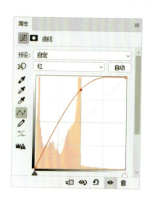
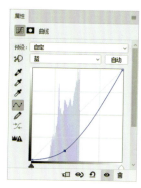

04 选中【蒙版缩略图】，然后在【属性】面板中单击【色彩范围】按钮，在照片中选择雪山红色的部分。

05 在【色彩范围】对话框中，移动【颜色容差】下方的滑块，设置红色范围。

06 如果觉得红色的边缘比较生硬，可以调整【羽化】的数值，使颜色过渡显得更加自然。

**07** 冷调的调整方法与暖调相反，需要降低【红】通道中的亮度，增加【蓝】通道中的亮度，这样图片就呈现冷色调。

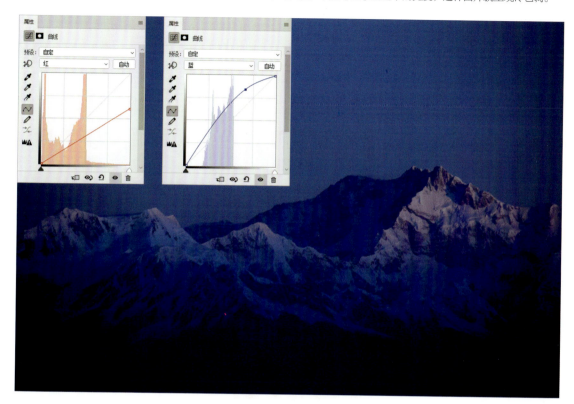

## 2.7 色相/饱和度的应用

本节将为读者讲解【色相/饱和度】工具的使用方法。

### 2.7.1 色相/饱和度的三要素

扫码观看教学视频

色相、饱和度和明度是【色相/饱和度】工具的 3 个要素。通过这 3 个要素，可以修改图片的颜色和亮度。

执行【图像】/【调整】/【色相/饱和度】菜单命令，或按【Ctrl + U】组合键，就可以打开【色相/饱和度】对话框。

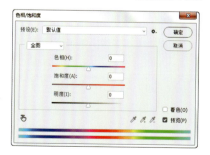

## 重要选项讲解

- 全图：在下拉菜单中可以选择调整图像的颜色通道。
- 色相：通过移动滑块可以调整照片的颜色。当滑块移动到色条的两端时，照片颜色会转换为原图的对比色。

- 饱和度：通过移动滑块可以调整照片颜色的浓度。当【饱和度】数值为 –100 时，照片呈现黑白效果。

- 明度：通过移动滑块可以调整照片整体的亮度。当【明度】为 100 时，照片呈纯白色；当【明度】为 –100 时，照片呈纯黑色。

- 单击【在图像上单击可修改饱和度】按钮后，光标会变成吸管形状，吸取照片上任意位置的颜色后，可以对该颜色进行局部调整。

通过蒙版也可以局部调整照片的颜色。使用【快速选择工具】为牙齿部分建立一个选区，然后添加【色相/饱和度】调整图层，选区部分会自动形成蒙版效果。

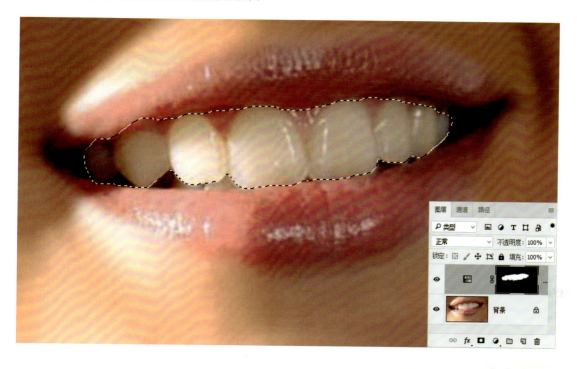

此时在【属性】面板中调整【色相】和【明度】的数值，就可以让牙齿部分变白。

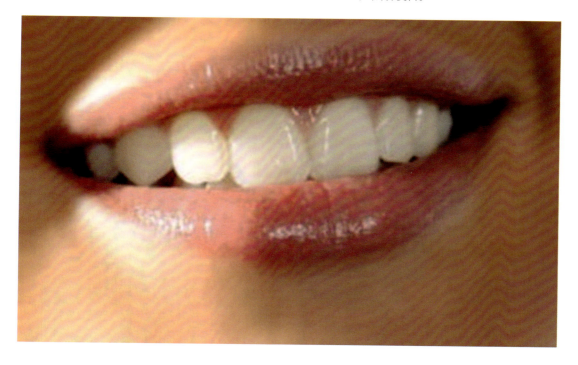

## 2.7.2 用色相/饱和度调单色调

扫码观看教学视频

【色相/饱和度】命令不仅可以调整照片整体的色调，还可以调整单个颜色的色调。

例如，将右图中的蓝色垫子转换为黑色，需要单击【色相/饱和度】对话框中的【在图像上单击可修改饱和度】按钮，然后选中蓝色的垫子。

此时会发现，系统自动识别的通道为【蓝色】，设置【饱和度】和【明度】分别为 –100，蓝色的垫子就转换为黑色了。

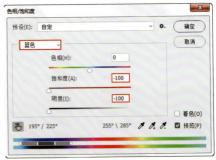

如果要将整体的背景全部变成黑色，使用【画笔工具】并设置【前景色】为黑色，涂抹背景部分即可。

人物背景部分不方便使用【画笔工具】涂抹，可以使用【色阶】命令中的【在图像中取样以设置为黑场】，吸取人物背景部分，就可以完全将画面背景设置为黑色了。

如果要将照片整体生成一个色调，就可以使用【着色】选项。

在【色相/饱和度】对话框中勾选【着色】复选框，照片会由彩色转换为一个统一的色调。

拖曳对话框中的 3 个滑块，便可以调整照片整体的色调和明暗度。

## 2.8 调色工具的应用

本节将为读者讲解另外两种调色工具【色彩平衡】和【可选颜色】。通过学习这两种工具，可以让读者掌握更多的调色方法。

### 2.8.1 色彩平衡的调色与校色

扫码观看教学视频

【色彩平衡】工具既可以用于校色，又可以用来调整照片的色彩。执行【图像】/【调整】/【色彩平衡】菜单命令，或按【Ctrl + B】组合键，打开【色彩平衡】对话框。

## 重要选项讲解

- 青色 – 红色：增加照片的青色或红色部分。

- 洋红 – 绿色：增加照片的洋红或绿色部分。

- 黄色 – 蓝色：增加照片的黄色或蓝色部分。

● 阴影/中间调/高光：根据选择的区域调整图片的色调。

阴影

中间调

高光

## 2.8.2 可选颜色的调色与应用

扫码观看教学视频

【可选颜色】可以针对单独的颜色进行调整的，相比【色相/饱和度】命令中的通道调整会更加精确。执行【图像】/【调整】/【可选颜色】菜单命令，可以打开【可选颜色】对话框。

**重要选项讲解**

● 颜色：在下拉菜单中可以选择需要修改的照片颜色。

● 青色/洋红/黄色/黑色：移动滑块调整颜色的强度，从而改变通道中的颜色。

81

### 提示 TIPS

按照色轮中颜色的位置可以得知，如果要增加任意一个颜色的强度，需要增加它周边的两种颜色，同时减少对比色。

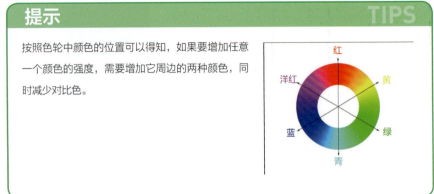

● 方法：设置颜色叠加的计算方式。

相对

绝对

如果要增加照片中的红色，需要增加【洋红】和【黄色】的数值，减少【青色】的数值。

如果要增加照片中的黄色，需要增加【洋红】和【黄色】的数值，减少【青色】的数值。

如果要增加照片中的绿色，需要增加【青色】和【黄色】的数值，减少【洋红】的数值。

下面列举3个简单的例子，简单讲解【可选颜色】的实际应用。

第1个：将照片调整为秋天的效果，需要将照片中的树叶都调整为黄色，减少照片中的绿色，增加黄色。

> **提示 TIPS**
>
> 在调整颜色时，将【绿色】和【黄色】分两个图层分别进行调整，这样得到的效果会更好。

▲ Before　　　　　▲ After

83

第 2 个：调整照片中人物的肤色，使其变得更加白皙。要达到这个效果，需要减少黄色和红色。

> **提示 TIPS**
> 
> 减少照片中红色的部分，可能会影响嘴唇的颜色。在蒙版中用黑色涂抹嘴唇部分，使其恢复原来的颜色。

▲ Before

▲ After

第 3 个：调整照片中天空的颜色，使其显得更亮一些。要达到这个效果，需要减少蓝色和青色。

▶ Before

▶ After

# CHAPTER 3

# 抠图、换天

本章将介绍Photoshop的一些抠图、更换天空的技法。通过这些技能的学习,可以掌握各种常见场景更换天空的方法。

# 3.1 有水的风景照如何换天空

扫码观看教学视频

本节将介绍有水的风景照如何更换天空。在为有水面的风景照更换天空时，不仅要更换原有的天空，还要更换水面反射的天空倒影。通常，处理风景照更换天空时，要观察天空与地面相接的部位是硬边还是软边。如果是硬边，可以使用【快速选择工具】抠除天空；如果是软边，就使用通道抠除天空。本案例中天空和水面部分都需要更换天空，需要分成两部分进行制作。

▲ Before

▶ After

01 选中"素材文件 /CH03/3.1"文件夹中的风景照片，然后在软件中打开。

02 **分析通道** 切换到【通道】面板，逐一分析【红】、【绿】和【蓝】3个通道图，可以发现【蓝】通道中天空和水面呈白色，与整个画面形成的反差最大，适合快速建立选区。

红通道

绿通道

蓝通道

03 **通道处理** 选中【蓝】通道，然后向下拖曳到【创建新通道】按钮 上，复制一个【蓝 拷贝】通道。

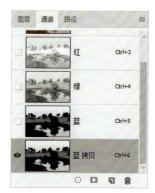

### 提示 TIPS
拷贝通道是为了在后面建立选区时不破坏原有的图像。

04 选中【蓝 拷贝】通道，执行【图像】/【调整】/【色阶】菜单命令，在弹出的【色阶】对话框中使用【在图像中取样以设置白场】工具 单击天空部分，使其成为白色。在【通道】面板中，白色的部分是可以快速建立选区的，因此将需要更换的天空部分转换为白色。

**05** 使用【在图像中取样以设置黑场】工具 单击地面部分，使其成为黑色。地面部分不需要制作选区，因此这部分处理为黑色，就不会生成选区。

**06** 此时，会发现地面有些部分和水面都不是黑色，使用【画笔工具】 ，将地面和水面都涂抹为黑色。

**07** 创建天空选区　选中处理后的【蓝 拷贝】通道，单击【将通道作为选区载入】按钮 ，为天空部分创建选区。

> **提示　TIPS**
> 系统会自动识别通道中白色的部分，从而建立选区。

**08** 选中【RGB】通道，此时照片还原为彩色，可以观察到天空部分的选区。

**09** 置入新天空　选中"素材文件/CH03/3.1"文件夹中的天空照片，然后在软件中单独打开。

10 执行【选择】/【全部】菜单命令，将天空整体选中，然后执行【编辑】/【拷贝】菜单命令，将其复制。

11 切换到风景照片，执行【编辑】/【选择性粘贴】/【贴入】菜单命令，刚才复制的天空就会直接粘贴到风景照片建立的选区中。

12 使用【移动工具】将天空移动到合适的位置，并使用【自由变换】工具将其缩小。此时天空部分更换完成。

### 提示 TIPS

在移动天空图层时，要注意图层和蒙版之间没有链接，否则无法将其移动到合适的位置。

13 建立水面选区  将【图层】面板中的图层进行拼合，然后切换到【通道】面板，将【蓝】通道再次复制。

14 选中【蓝 拷贝2】通道，然后打开【色阶】对话框，接着使用【在图像中取样以设置黑场】工具 单击水面部分。

15 用【画笔工具】 将地面和天空部分涂抹为黑色，为水面部分建立选区做准备。

16 单击【将通道作为选区载入】按钮 ，为水面部分创建选区，并返回【RGB】通道。

17 将天空照片粘贴到水面选区。观察照片，可以发现水面的反射效果太强，整体画面显得不是很真实。

**18** 选中【天空】图层,设置【不透明度】为 50%,这样水面反射的天空会显得更加真实。至此,本案例制作完成。

### 提示  TIPS

本案例也可以为天空和水面同时建立选区更换天空,但对于基础一般的人,最好还是按照本案例的方法分成两部分进行更换。

## 3.2 阴天照片如何换天空

扫码观看教学视频

本节将讲解如何将阴天照片更换成火烧云的背景,让其成为一个剪影的效果。在制作这个案例的时候,需要使用通道进行抠图,并添加火烧云的背景素材。

▲ Before

▶ After

**01** 选中"素材文件/CH03/3.2"文件夹中的人物照片，然后在软件中打开。照片呈现阴天效果，整体光影不是很好。

**02** <mark>缩小人物</mark> 选中【背景】图层，按【Ctrl + J】组合键复制一个新图层，按【Ctrl + T】组合键将复制的图层缩小。只有缩小照片，才能在后续步骤中制作出强烈的对比效果。

**03** <mark>抠掉背景部分</mark> 隐藏【图层1】，在【背景】图层上使用【仿制图章工具】用天空代替人物部分。

**04** 显示【图层1】，为其添加一个蒙版，使用【画笔工具】进行涂抹，只保留人物部分。

**05** 将图层进行拼合，然后执行【图像】/【调整】/【色阶】菜单命令，设置天空部分为白场，地面部分为黑场，这样就能形成剪影的效果了。

**06** 此时可以发现，地面部分不是全黑的。使用【画笔工具】，将地面部分涂抹为全黑即可。

**07** 加载新的天空背景　将火烧云图片导入场景中，成为新的背景，设置【图层混合模式】为正片叠底。

**08** 使用【自由变换】工具调整天空背景的大小，使整个画面更加美观。

**09** 增加模糊效果　合并图层后复制一个新图层，选中复制的新图层，执行【滤镜】/【模糊】/【径向模糊】菜单命令，设置【数量】为40，【模糊方法】为缩放。

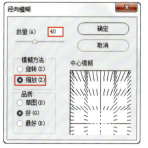

10  将模糊的图层的【不透明度】设置为40%，并添加蒙版将人物部分擦除，不产生模糊效果。这样就形成了艺术光的效果。至此，本案例制作完成。

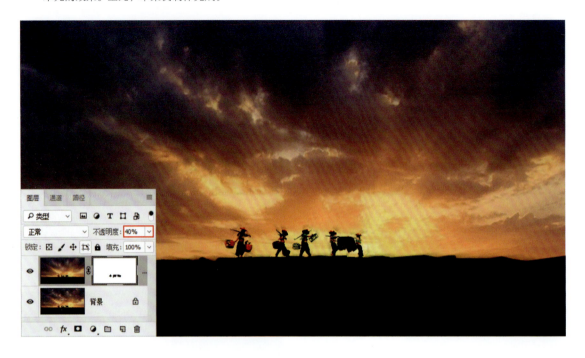

## 3.3 有树的风景照如何换天空

扫码观看教学视频

本节将讲解如何为有树的照片更换天空。有树的照片在抠图时会给我们造成很多困难，树枝很细，又有交错，如果使用选区抠图会造成图像破坏或是抠不干净的情况。遇到这类照片，就需要用【通道】工具进行抠图。

▲ Before

▲ After

**01** 选中"素材文件/CH03/3.3"文件夹中的风景照片，然后在软件中打开。需要将这张照片的天空更换为夕阳效果。

**02** <mark>通道分析</mark> 切换到【通道】面板，观察【红】【绿】【蓝】3个通道的明暗反差，可以发现【蓝】通道的明暗反差最大。因此，就选择用【蓝】通道来制作选区。

红通道

绿通道

蓝通道

**03** <mark>制作天空部分的选区</mark> 将【蓝】通道拖曳到【创建新通道】按钮上，复制一个【蓝 拷贝】通道。这里必须拷贝一个蓝通道，因为在原始图像的通道上进行操作会破坏原始图像。

**04** 虽然【蓝】通道的反差最大，但天空部分仍不是纯白色。选中【蓝 拷贝】通道，执行【图像】/【调整】/【色阶】菜单命令，打开【色阶】对话框。

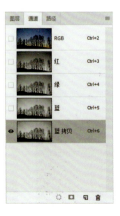
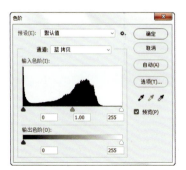

**05** 单击【在图像中取样以设置白场】按钮 ✏, 单击天空部分, 使天空的颜色变白。

**06** 使用【画笔工具】 ✏, 并将【前景色】设置为白色, 然后涂抹天空, 使其变成全白。这样既不损失树的细节, 也可以将天空变成全白后快速建立选区。

> **提示** TIPS
> 在制作步骤05时, 切忌将天空变成全白, 否则会损失树的细节部分。

**07** 在【通道】面板单击【将通道作为选区载入】按钮 ○, 系统会自动识别白色部分形成选区。

**08** 在【通道】面板选中【RGB】通道, 就可以看到天空部分的选区。

**09** 更换天空  执行【选择】/【反选】菜单命令, 选区会选中树和地面部分。

**10** 按【Ctrl+J】组合键将选区复制为一个单独的图层。

**11** 将复制出的【图层1】移动到夕阳图片中。

**12** 此时可以明显地观察到树的边缘有白边。选中【图层1】，设置图层的混合模式为【正片叠底】，白边完全消失，形成一个剪影的效果。

**13** 裁剪图片　使用【裁剪工具】将图片进行二次裁剪。至此，本案例制作完成。

可以继续在这张照片上添加一些飞鸟素材，整个画面会更加好看。

## 3.4 如何给照片添加银河效果

扫码观看教学视频

本案例将为读者讲解如何为薰衣草照片添加银河效果。需要用银河照片替换薰衣草照片原有的天空，并使用渐变工具配合调色工具制作出整体的色调。从而使一张白天的照片变成夜晚的照片。

▲ Before

▶ After

01 选中"素材文件/CH03/3.4"文件夹中的薰衣草照片和银河照片，然后在软件中打开。

02 **拼合素材** 将薰衣草照片放在银河照片的上层，并移动到银河照片三分之一的位置，这样做出来的效果会显得更加真实。

**03 添加蒙版** 选中【薰衣草】图层，为其添加一个蒙版。

**04** 使用【渐变工具】，在蒙版上绘制黑白渐变，将薰衣草原本的天空替换为银河。在绘制渐变时，需要将天空和薰衣草部分形成一定的过渡效果。

**05 调整银河** 观察照片，背景的银河不是很合适。将【背景】图层复制一层，使用【自由变换】工具将其放大并移动到合适的位置。

**06 调整图片亮度** 薰衣草与银河的亮度明显不同，需要将薰衣草图层的亮度降低。选中【薰衣草】图层，打开【曲线】对话框，调整曲线，使薰衣草的亮度变暗。

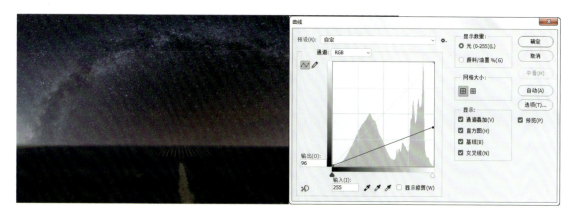

**07** <mark>置入树素材</mark>　将"素材文件/CH03/3.4"文件夹中的树素材置入图片，缩小并放到合适的位置。

**08**　将【图层2】的【混合模式】设置为正片叠底，这样树周围的白边就会消失，与周围的环境更加融合。

**09** <mark>调整照片整体亮度</mark>　在【属性】面板添加【曲线】调整图层，然后设置曲线的形状，增加画面的对比度。

**10**　继续添加【曲线】调整图层，压暗整体的亮度。

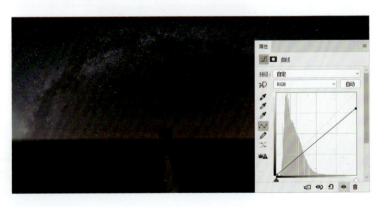

11 此时,薰衣草部分的亮度有些暗,使用【画笔工具】在【曲线】调整图层的蒙版上进行绘制,使薰衣草部分产生弱光效果。

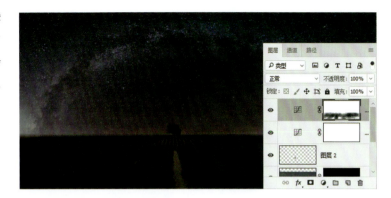

12 再次添加【曲线】调整图层,稍微提亮整体的亮度。

13 照片整体的色调还不统一。添加【色彩平衡】调整图层,在【中间调】中设置【青色-红色】为-5,【洋红-绿色】为-3,【黄色-蓝色】为11,在【阴影】中设置【青色-红色】为4,【黄色-蓝色】为11。至此,本案例制作完成,这样就能显示出银河的神秘感了。

我们要在平时多积累各种摄影素材,这样才能使一些原本不好做后期的照片通过各种素材的拼接重新焕发光彩。

## 3.5 人文照片轻松换背景

扫码观看教学视频

本案例将为读者讲解如何为人文照片更换背景。在制作本案例时，需要先将照片主体的人物单独抠出来，然后再为背景添加纯色，最后调整照片整体的饱和度和色调。

▲ Before

▶ After

**01** 选中"素材文件/CH03/3.5"文件夹中的人文照片，然后在软件中打开。仔细观察这张照片，可以发现照片的景深太大，画面中主体人物不够突出。如果将背景压暗，就能突出画面的主体。

**02 抠出人物** 使用【快速选择工具】，选中画面中的主体人物，为其建立一个选区。

**03** 保持选区的选中状态，按【Ctrl + J】组合键将选区部分单独复制一层。

**04 处理背景** 为了让画面显得沉重一些，选中【背景】图层，添加【曲线】调整图层，将背景部分压暗。

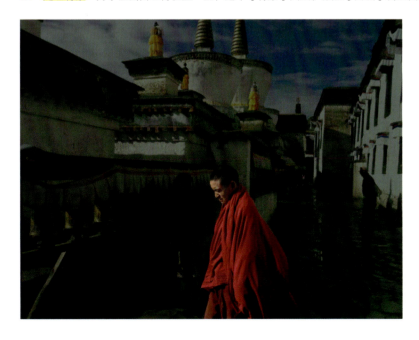

**05** 虽然压暗了背景，但背景部分的色彩过于鲜艳。继续添加【色相/饱和度】调整图层，设置【饱和度】为 -69，背景部分就显得更加合适了。

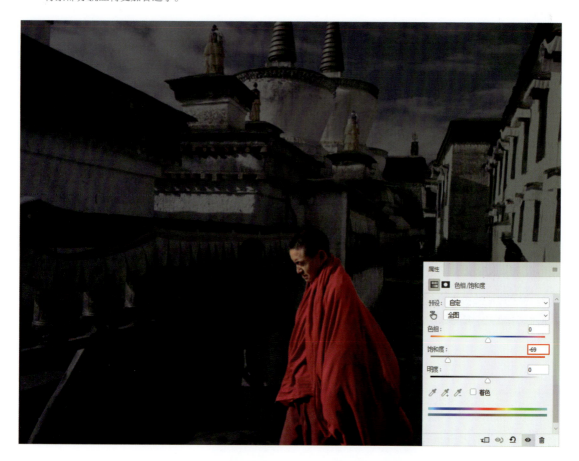

**06** 为【背景】图层添加【纯色】调整图层，设置【颜色】为暗青色，整个背景会呈现青色效果。

**07** 设置【纯色】调整图层的【不透明度】为 72%，让青色与原有的背景进行融合，这样整个画面就有了冷调和暖调。

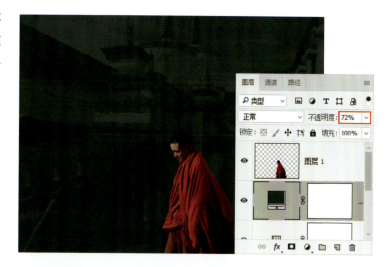

**08** 调整整体亮度与颜色　调整后的照片整体的亮度仍然较亮，选中【图层 1】并添加【曲线】调整图层，整体压暗照片的亮度。

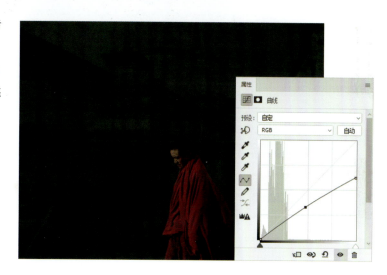

**09** 使用【画笔工具】，在上一步添加的【曲线】调整图层的蒙版上，涂抹人物的衣服部分，使其稍微提亮一些。

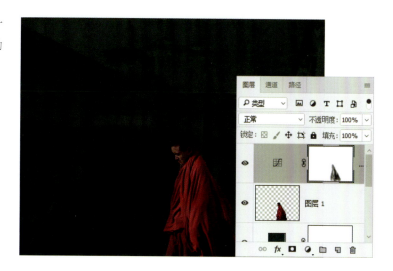

10 人物衣服的颜色较为鲜艳，添加【色相/饱和度】调整图层，设置【色相】为 7，【饱和度】为 –32，【明度】为 –32。至此，本案例制作完成。

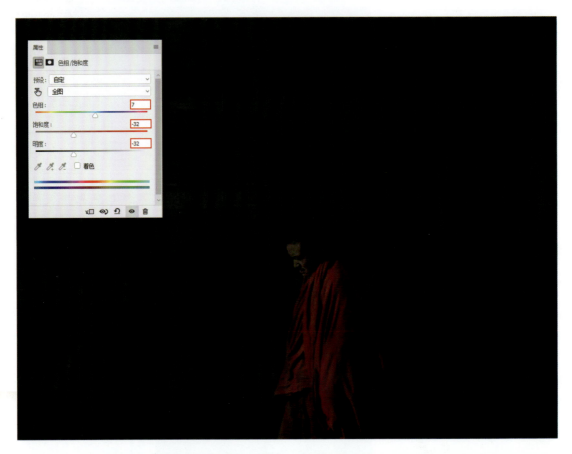

**提示**　　　　　　　　　　　　　　　　　　　　　　　　　　　　　　　　　　　TIPS

也可以在背景图层上叠加下雨素材，让画面显得更加生动。

# CHAPTER 4

## 影调控制

本章将介绍在Photoshop中控制影调的技法。通过学习这些技法,大家可以掌握常见的暗调、冷暖调和黑白暗调等的制作技法。

# 4.1 用暗调技法将杂乱的荷花变成作品

扫码观看教学视频

本节将为读者介绍如何将杂乱的荷塘照片进行修剪和重新构图，从而形成一张构图优美且干净的照片。在制作这个案例的时候，主要会用到【色阶】、【套索工具】和【裁剪工具】。

▲ Before

▶ After

01 选中"素材文件/CH04/4.1"文件夹中的鱼塘照片，然后在软件中打开。这张照片最大的问题是整个画面非常杂乱，因为画面中的鱼才让这张照片不至于成为废片。通过后期调整，将这张照片变废为宝。

02 **修剪多余的荷叶** 原始照片中的荷叶有很多且杂乱，需要将多余的荷叶进行修剪。打开【色阶】对话框，使用【在图像中取样以设置黑场】工具 单击水面部分，使水面部分成为接近黑色的深色。

03 使用【吸管工具】 吸取水面的深色作为【前景色】，使用【画笔工具】 涂抹多余的荷叶，保留需要的内容，让画面显得更加干净。

04 **调整构图** 将【背景色】设置为水面的深色，使用【套索工具】 圈出右下方的鲤鱼。

05 使用【移动工具】 将鲤鱼移动到画面的下方。因为【背景色】与水面的颜色相同，所以在移动鲤鱼时不会产生任何痕迹。

06 继续用【套索工具】 圈出上方的鲤鱼和荷叶，向左上方移动。

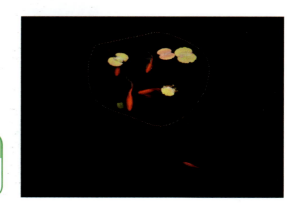

## 提示 TIPS

按【Ctrl+D】组合键可以取消选区。

**07** 裁剪图片　　使用【裁剪工具】🔲，将图片裁剪为竖画幅，使整个画面变得对称。还可以继续将右上角的荷叶去掉，这样画面就呈现极简的风格。

**08** 裁剪后会发现右上角的荷叶有点多余，可以用【画笔工具】✏进行涂抹。至此，本案例制作完成。通过这个案例，希望读者在遇到有鱼的照片时，可以按照上面讲解的方法将一张普通的照片处理为画面干净、构图优美的作品。

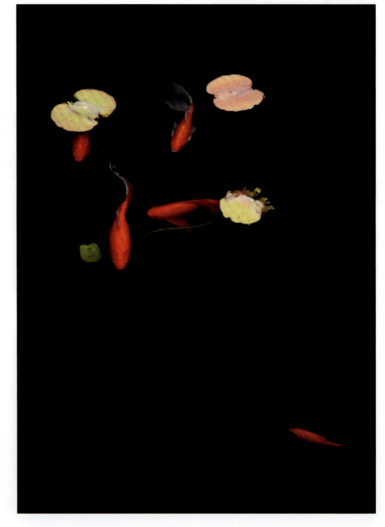

影调控制

## 4.2 风光照片冷暖影调的制作技法

扫码观看教学视频

本节将为读者讲解如何为摄影作品制作冷暖影调。本案例主要使用【裁剪工具】、【动感模糊】和【可选颜色】。

▲ Before

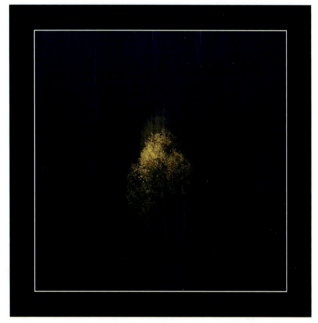

▶ After

01  选中"素材文件/CH04/4.2"文件夹中的风光照片,然后在软件中打开。这张照片的光影角度合适,刚好可以照射到树的顶部,画面背景颜色较深,且整体比较有规律。

111

**02 裁剪图片** 使用【裁剪工具】，将原图裁剪为方形，将黄色的树作为画面的主体。

**03 调整颜色和亮度** 为裁剪完的图片添加【曲线】调整图层，适当提亮主体，压暗背景。

**04** 添加【自然饱和度】调整图层，设置【自然饱和度】为85，增加照片的颜色。

**05 添加动感模糊** 将图层进行拼合，复制一个新图层，执行【滤镜】/【模糊】/【动感模糊】菜单命令，让复制的图层变成模糊效果。

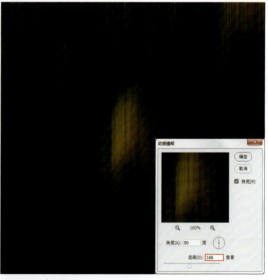

06 为模糊的图层添加一个蒙版，使用【画笔工具】涂抹黄色的树，使其变得清晰。

07 <mark>为背景增加蓝调</mark>　照片整体是暖调，缺少冷调。在【图层】面板中增加【可选颜色】调整图层，设置【颜色】为黑色，【黄色】为 –13，【黑色】为 6。

08 右上角黄色的树影不是很和谐，使用【仿制图章工具】将此处进行涂抹，替换为蓝色背景。

09 <mark>制作边框效果</mark>　合并图层后复制一个新图层，使用【裁剪工具】并按住 Shift 键等比例放大画布。

10 选中复制的图层，为其添加【描边】图层样式。

11 在弹出的【图层样式】对话框中设置【大小】为3，【位置】为内部，【颜色】为白色。

 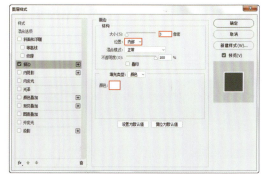

12 单击【确定】按钮 退出对话框。至此，本案例制作完成。通过这个案例，希望读者能灵活地结合前后期，制作出一幅优美的作品。

## 4.3 人文背景的制作技法

扫码观看教学视频

本节将为读者讲解如何为人文照片添加一个合适的背景，并将图片整体进行调色。

▲ Before

▶ After

**01** 选中"素材文件/CH04/4.3"文件夹中的人文照片和雪山照片，然后在软件中打开。观察照片可以发现，人物的背景比较杂乱，需要替换一个合适的背景。

**02** 抠除背景　人物的边缘是硬边，使用【快速选择工具】为人物照片的背景部分快速建立选区。

03 执行【选择】/【反选】菜单命令,为人物部分建立选区。

04 使用【移动工具】将人物部分移动到雪山照片中。

05 裁剪图片 使用【裁剪工具】将图片裁剪为方形。

06 处理背景 将【背景】图层复制一层,执行【滤镜】/【模糊】/【高斯模糊】菜单命令,设置模糊的【半径】为4。

07 在【背景 拷贝】图层上添加【黑白1】调整图层,设置【蓝色】为 –82,此时图片呈现黑白效果。

**08** 将【黑白1】调整图层的【不透明度】设置为79%，使背景部分稍稍带一点颜色。

**09** <mark>调整图片整体颜色</mark>　在【图层1】上添加【色相/饱和度】调整图层，设置【饱和度】为 −23，让整体的饱和度稍微降低一些。

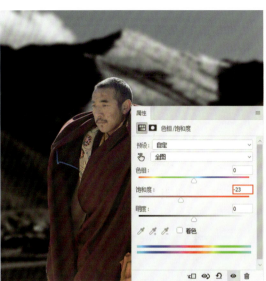

**10** 添加【曲线1】调整图层，降低照片整体的亮度。

**11** <mark>增加画面高光</mark>　隐藏顶层的【曲线1】调整图层，按【Ctrl + Alt + 2】组合键为图片的高光部分建立选区。

**12** 显示顶层的【曲线1】调整图层，按【Ctrl + H】组合键隐藏选区。

**13** 使用【画笔工具】 在蒙版上涂抹高光部分，使照片显得更加真实。至此，本案例制作完成。

影调控制

## 4.4 白天变夜晚影调的制作技法

扫码观看教学视频

本案例将为读者讲解如何将一张白天的沙漠照片调整为夜晚效果。在制作这个案例时，除了要为原有的照片调整颜色和光影，还需要添加纹理素材和月亮素材。

▲ Before

▶ After

01 选中"素材文件 /CH04/4.4"文件夹中的沙丘照片，然后在软件中打开。系统会自动弹出 Camera Raw 滤镜的界面。这张照片中起伏的沙丘虽然很好，但前景却缺少一些沙漠的纹理。

119

**02** 调整照片色调　　在 Camera Raw 滤镜的右侧调整参数，设置【色温】为 2 400，【色调】为 25，【曝光】为 -0.75，【对比度】为 64，【高光】为 21，【阴影】为 26，【白色】为 59，【黑色】为 -9，【清晰度】为 31，【自然饱和度】为 37。将照片调整为深蓝色，就能体现夜晚的静谧感。

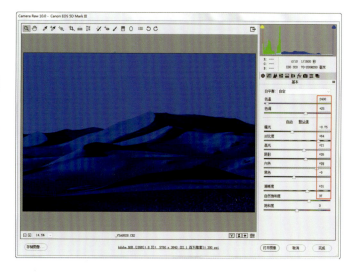

**03** 通过调整，原本日景的沙丘照片就转换为夜景效果了。单击【打开图像】按钮 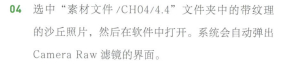，返回操作界面。

**04** 选中"素材文件 /CH04/4.4"文件夹中的带纹理的沙丘照片，然后在软件中打开。系统会自动弹出 Camera Raw 滤镜的界面。

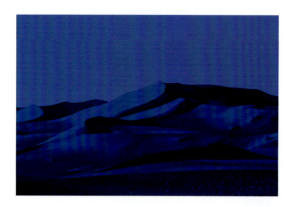

**05** 按照之前的参数调整，将这张素材照片也调整为夜晚的效果。

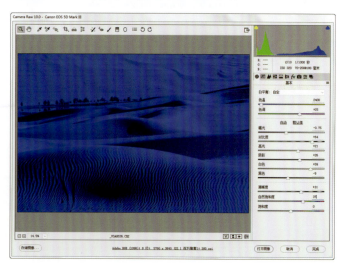

06 单击【打开图像】按钮打开图像，返回操作界面。

07 <mark>置入沙丘素材</mark> 使用【移动工具】，将带纹理的沙丘素材置入"沙丘"照片中。仔细观察会发现，这两张照片的光影方向相反。

08 选中【图层1】，执行【编辑】/【变换】/【水平翻转】菜单命令，将带纹理的沙丘素材水平翻转，这样两张照片的光影方向就一致了。

09 <mark>混合素材</mark> 在【图层1】上添加一个蒙版，在蒙版上使用【渐变工具】绘制一个黑白渐变，这样两张沙丘照片就很自然地融为一体了。

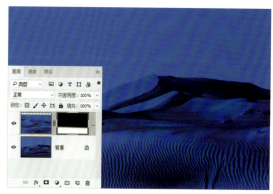

### 提示 TIPS

沙丘之间是有起伏过渡的，因此不需要通过抠图的方式将两张照片融合。

10 <mark>调整图片亮度</mark> 添加【曲线】调整图层，压暗整体的亮度，会更接近夜晚的光影效果。

121

11　隐藏上一步添加的【曲线】调整图层，切换到【通道】面板，选中【RGB】通道，单击【将通道作为选区载入】按钮 。

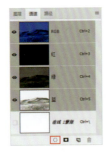

> **提示 TIPS**
>
> 这一步操作是为高光区域添加选区。由于高光范围很小，不能直接观察到选区范围。

12　切换到【图层】面板，显示【曲线】调整图层，使用【画笔工具】 在蒙版上进行涂抹，局部提亮沙丘。这一步是为了模拟月亮照射在沙丘上的光影效果。

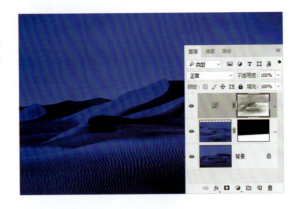

13　将所有图层拼合后再复制一个图层，按【Ctrl + T】组合键将复制的图层拉高一些，营造出一种很高的立体感。

> **提示 TIPS**
>
> 在制作这一步时要注意，在拼合图层后，按【Ctrl + D】组合键取消刚才建立的高光选区，否则在拉伸时会出现重影。

14　**添加月亮素材**　选中"素材文件/CH04/4.4"文件夹中的月亮素材，然后在场景中打开。

**15** 将月亮素材等比例缩小到合适的大小，并进行摆放。

**16** 选中月亮素材的图层，设置图层的【混合模式】为滤色，这样就可以抠掉素材周围的黑色，只保留月亮。

**17** 为了让画面显得更加真实，稍微降低月亮素材的【不透明度】数值。

**18 裁剪** 使用【裁剪工具】将图片裁剪为横画幅。

**19 调整照片对比度** 添加【曲线】调整图层，稍微调整曲线，增加画面的对比度。至此，本案例制作完成。希望读者通过学习这个案例能掌握其制作的思路，将这种思路灵活运用到以后的作品创作中。

## 4.5 黑白暗调的制作技法

扫码观看教学视频

本案例将为读者讲解如何将一张彩色照片调整为黑白暗调的效果。在制作本案例时，需要使用 Nik Collection 滤镜将图片转换为黑白效果。

▲ Before

▶ After

01 选中"素材文件/CH04/4.5"文件夹中的泼水小孩照片，然后在软件中打开。照片中的小孩正在泼水，背景颜色较暗，比较适合进行后期处理。

125

**02** 裁剪　使用【裁剪工具】将图片裁剪为正方形，保留完整的水面部分，并将其复制一层。

**提示　TIPS**

正方形构图是非常经典的构图方式，没有明显的缺陷。

**03** 打开【色阶】对话框，使用【在图像中取样以设置黑场】工具将背景部分设置为黑色。

**04** 此时，可以观察到背景部分不是全黑的，使用【画笔工具】将背景部分进行涂抹，使其变成全黑。

**提示　TIPS**

在涂抹背景时，要注意，不要涂抹到画面中的小孩。

05 水花的背景部分不方便使用【画笔工具】进行涂抹，这种情况可以使用【加深工具】进行涂抹，且不会影响白色的水花。

06 为处理后的图层添加一个蒙版，使用【画笔工具】涂抹小孩部分，使其恢复成原来的色调。

07 将图层进行拼合后再复制一层，使用【自由变换】工具调整水花的角度，这样画面会显得更加完美。

**08** 执行【滤镜】/【Nik Collection】/【Silver Efex Pro 2】菜单命令,打开滤镜面板,然后选择【000 中性】滤镜。

 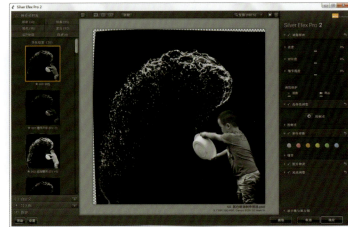

**09** 单击【确定】按钮 返回操作界面。至此,本案例制作完成。

# CHAPTER 5

# 画意技法

本章将介绍Photoshop的一些制作画意效果的技法。通过学习这些技法,可以掌握如何将照片调为水墨、版画、水彩和油画的效果。通过学习本章内容,不仅能让读者了解一些常用的滤镜,还能掌握制作边框的技法。

## 5.1 简单实现墨荷效果

扫码观看教学视频

本节将为读者介绍如何将彩色的荷花照片处理为水墨画的效果。在制作本案例时，需要先将荷花单独抠出来，并处理为水墨画效果，再叠加一些水墨画素材，最后制作圆形边框即可。

▲ Before　　　　　▲ After

**01** 选中"素材文件/CH05/5.1"文件夹中的荷花照片，然后在软件中打开。这张照片中的荷叶呈现逆光效果，且边缘比较硬，方便后期抠图。

**02** 抠出荷花　本案例只需要荷花和荷叶部分，不需要背景。使用【磁性套索工具】沿着荷花和荷叶边缘进行勾选，从而建立选区。

> **提示　TIPS**
>
> 【磁性套索工具】可以快速吸附在荷花和荷叶的边缘，方便建立选区。

03  按【Ctrl + J】组合键将选区部分单独复制一层，形成透明的背景。这样就可以将荷花和荷叶单独抠出来了。

04  此时，可以观察到两个花茎之间的部分没有抠干净，使用【磁性套索工具】，将其选中并删除。

05  使用【裁剪工具】，将画幅调整为方形，可以观察到荷叶左侧缺少一部分。

**06** 执行【滤镜】/【液化】菜单命令，在打开的对话框中拉伸左侧缺失的荷叶，使其形成比较完整的形态。

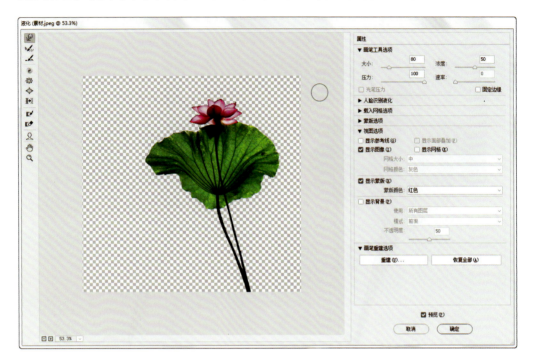

**07** <mark>添加纯色背景</mark> 新建一个图层，并设置为灰色，放置在荷花图层的下方，这样更接近水墨画的效果。

**08** <mark>将彩色转换为黑白</mark> 在荷花图层上方添加【黑白】调整图层，设置【红色】为77，【绿色】为115。彩色的荷花照片就转换为黑白照片了。

### 提示 TIPS

07步也可以建立一个【纯色】调整图层。

09 还原荷花的颜色　使用【画笔工具】在【黑白】调整图层的蒙版上绘制荷花部分，使其显示原本的颜色。

10 导入素材文件　将水墨画素材导入场景，并放在荷花图层的下方，将其放大并移到合适的位置。

11 水墨画素材的左侧不是很合适，为其添加一个蒙版，使用【渐变工具】在蒙版上从左向右创建一个黑白渐变，素材的左侧会与灰色的背景融合。

12 使用【画笔工具】，并将【前景色】设置为白色，在蒙版上稍微涂抹，使其浅浅地显示一些左侧的水墨画素材。

## 提示　TIPS

在制作12步时，需要将【画笔工具】的【不透明度】和【流量】的参数降低。

**13** 在荷花图层下方置入水草素材，并调整素材的角度和弯曲效果。

**14** 将水草图层的【混合模式】设置为正片叠底，白色的背景会消失，素材与画面完美融合。

**15** 制作边框　使用【椭圆选框工具】，并按住 Shift 键绘制一个圆形的选框，然后按【Ctrl + Shift + I】组合键反选边框的位置。

**16** 保持选区，添加【纯色】调整图层，并设置颜色为浅灰色，这样就能大致制作出边框的效果。

**17** 使用【裁剪工具】将多余的白色边框裁掉。至此，本案例制作完成。也可以在照片上添加一些文字或印章来丰富画面。

画意技法

## 5.2 古建筑夜景变彩色版画效果

扫码观看教学视频

本节将为读者讲解如何将照片处理为彩色的版画效果。在制作本案例时，需要使用 Nik Collection 滤镜将照片的颜色处理得更加鲜艳。

▲ Before

▶ After

**01** 选中"素材文件/CH05/5.2"文件夹中的夜景照片,然后在软件中打开。此时系统会自动弹出 Camera Raw 滤镜的界面。这张照片中的建筑棱角分明,呈现出类似 HDR 的效果。

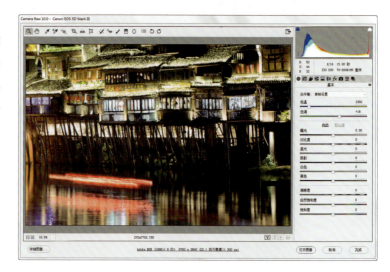

**02** 调整图片颜色 在 Camera Raw 滤镜界面单击【自动】选项,滤镜会将照片的高光和颜色进行还原,设置【自然饱和度】为 33,增加画面的色彩。

03 单击【打开图像】按钮，会在操作界面显示调整后的照片。

04 添加 HDR 滤镜 将【背景】图层复制一层，执行【滤镜】/【Nik Collection】/【HDR Efex Pro 2】菜单命令，打开【滤镜】面板。

05 在左侧滤镜库中找到【柔和色彩】滤镜，丰富画面中的色彩，单击【确定】按钮返回操作界面。

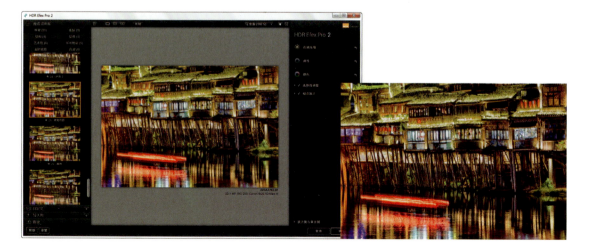

**06 混合图层** 将处理后的【图层1】复制一层,设置【图层1】的【混合模式】为颜色。混合后的照片颜色会比较真实,不会过于鲜艳。

07 将【图层1拷贝】图层的【不透明度】设置为40%。至此,本案例制作完成。

**TIPS**

**提示**

可以使用【画笔工具】 在画面中窗户的位置绘制彩色的灯光效果,使整张照片看起来更加绚丽。

## 5.3 花草画意风雅调

扫码观看教学视频

本节将为读者讲解如何将花草照片调整为画意效果。在制作这个案例时,需要对图层进行反相,并调整混合模式,才能得到理想的效果。

▲ Before

▶ After

01 选中"素材文件/CH05/5.3"文件夹中的花草照片,然后在软件中打开。在前期拍摄照片时,一定要找到合适的角度,形成正面拍摄的效果,且画面中的物体是重复、密集的。

02 将【背景】图层连续复制两次,生成两个复制图层。这一步是为下面混合图层做准备。

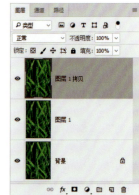

03 选中中间的【图层1】,按【Ctrl+I】组合键将图片的颜色反相。

04 选中顶层的【图层1拷贝】图层,设置图层【混合模式】为颜色。处理后的照片效果已基本达到想要的效果。

### 提示 TIPS

在制作03步时,需要隐藏【图层1拷贝】图层后,才能直接观察反相效果。

画意技法

05 观察处理后的照片，叶子的颜色有些偏深。在【图层1】上方添加【曲线】调整图层，适当提亮照片的暗部。至此，本案例制作完成。

## 5.4 泼墨荷花的油画纹理效果

扫码观看教学视频

本案例将为读者讲解如何将荷花照片处理为油画效果。案例制作过程相对复杂，需要抠图、添加纹理素材、绘制背景和调色。

▲ Before

▶ After

01 选中"素材文件/CH05/5.4"文件夹中的荷花照片，然后在软件中打开。

02 **裁剪图片** 使用【裁剪工具】，将原始照片裁剪为正方形。正方形的图片会让画面显得更好看。

03 **调整背景** 使用【套索工具】勾选选区，按【Ctrl + Shift + I】组合键反选背景部分。

04 按【Ctrl + J】组合键将背景部分复制一层，这样就单独抠出了荷叶的背景部分。

05 选中【图层1】，执行【滤镜】/【模糊】/【高斯模糊】菜单命令，设置【半径】为58.2像素。此时背景部分呈现绿色的色块效果。

> **提示 TIPS**
> 背景一定要模糊成一个色块的效果，才能在后续步骤中继续制作。

06 **调整纹理素材** 将"素材文件/CH05/5.4"文件夹中的纹理素材置入图片。

07 选中纹理素材的图层，执行【图像】/【调整】/【去色】菜单命令，彩色的纹理素材变成了黑白效果。

08 将【纹理】图层的【混合模式】设置为线性减淡(添加），将颜色较深的素材变成白色。

09 按【Ctrl + T】组合键打开【自由变换】工具，旋转纹理素材，找到一个合适的角度。

10 荷花被纹理素材遮住，没有显示画面的主体。在【纹理】图层新建一个蒙版，使用【画笔工具】在蒙版上涂抹荷花部分。

11 处理背景  新建一个图层，使用【画笔工具】绘制背景上方白色的部分，使其变成绿色。这时就可以观察到背景上方的纹理素材。

12  将【纹理】图层复制一份，移动到画面上方，旋转到合适的角度，设置图层的【混合模式】为线性加深。

13  将图层的【不透明度】设置为 64%，将颜色较深的叠加纹理调整到合适的效果。

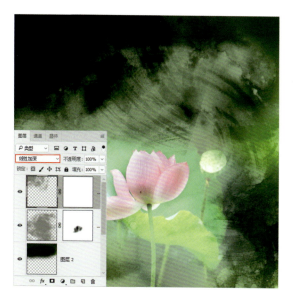

14  选中【纹理】图层的蒙版，使用【画笔】工具涂抹荷叶部分，让画面的主体更加突出。

15  <mark>调整照片的整体颜色</mark>  选中最上方的图层，按【Ctrl + Shift + Alt + E】组合键在【图层】面板中盖印一个新图层。

> **提示** TIPS
>
> 在涂抹荷叶部分时，需要降低画笔的【不透明度】和【流量】的参数。

> **提示** TIPS
>
> 盖印图层是将选中图层及其以下的可见图层合并，并复制为一个新的图层，但不会将原有的图层合并。如果调色的效果不合适，将盖印图层删除，重新盖印新的图层即可。

16 使用调色工具对照片进行调色，至此，本案例制作完成。在制作这个案例时，一定要注意背景模糊和叠加纹理这两个要点的制作方法，灵活运用才能达到案例中呈现的效果。

**提示** TIPS

步骤16不做强制要求，可以自行调整出心仪的颜色效果，也可以使用教学视频中的预设调色包进行快速调整。

## 5.5 墨竹的水墨画意效果

扫码观看教学视频

本案例将为读者讲解如何将一张彩色的竹子照片处理为黑白水墨画效果。制作本案例的关键点，是将照片反相、去色和调整图层混合模式。

▼ Before　▶ After

**01** 选中"素材文件/CH05/5.5"文件夹中的竹子照片，然后在软件中打开。在前期拍摄时，要找图片中这种疏密相间的角度进行拍摄，才能方便后期处理。

**02** 调整图片　使用【裁剪工具】，将图片裁剪为正方形。

147

**03** 使用【矩形选框工具】选中竹子部分,按【Ctrl + T】组合键打开【自由变换】工具,将竹子部分进行拉伸。

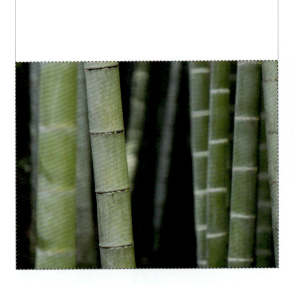

### 提示　　　　　　　　　　　　　　　　　　　　　　　　TIPS
适度拉伸竹子照片不会影响整个画面。

**04** <mark>制作墨竹效果</mark>　执行【图像】/【调整】/【反相】菜单命令,或按【Ctrl + I】组合键将竹子照片进行反相处理。

**05** 执行【图像】/【调整】/【去色】菜单命令,将竹子照片进行去色处理,形成黑白效果。

06 照片暗部的颜色较深，不符合水墨画的效果。添加【曲线】调整图层，适当提亮暗部，形成接近水墨画的效果。

07 添加竹叶素材 将"素材文件/CH05/5.5"文件夹中的竹叶素材置入场景，并调整到合适的位置。

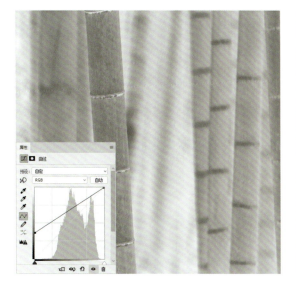

08 设置竹叶素材图层的【混合模式】为正片叠底，就可以消除白色的背景了。

### 提示 TIPS

如果使用【正片叠底】混合模式后，竹叶素材的白色部分仍有残留，就需要使用【色阶】命令，将素材的白色部分设置为白场。

09　调整竹叶素材的位置和大小。至此，本案例制作完成。如果想进一步制作更加真实的效果，可以将竹叶素材进行一定的【高斯模糊】，就能形成更加真实的景深效果。

## 5.6 梨花的中国风效果

扫码观看教学视频

本案例将为读者讲解如何为梨花照片叠加背景纹理，并添加书法素材，从而制作出国画的效果。在制作本案例时，需要灵活运用图层的混合模式。

画意技法

▶ Before

▶ After

01 选中"素材文件/CH05/5.6"文件夹中的梨花照片，然后在软件中打开。在前期拍摄时，一定要将画面背景曝光成白色，才能方便后期处理。

02 <mark>添加纹理素材</mark> 选中"素材文件/CH05/5.6"文件夹中的背景纹理素材，然后在软件中打开。设置背景纹理素材图层的【混合模式】为正片叠底，此时背景纹理就与梨花照片很好地融合在一起了。

03 观察处理后的照片，背景的颜色较深。将【图层1】的【不透明度】设置为75%。

04 <mark>添加书法素材</mark> 选中"素材文件/CH05/5.6"文件夹中的书法字体素材，然后在软件中打开，将其缩放至合适的大小并放到合适的位置。

151

05 选中添加的书法字体素材图层,然后设置图层的【混合模式】为正片叠底。白色的背景会消失,留下书法字体。

> **提示 TIPS**
>
> 【正片叠底】的混合模式下,任何颜色与白色相叠加颜色不会改变。

06 可以观察到书法字体素材的背景与背景纹理素材没有完全融合。选中书法字体素材图层,打开【色阶】对话框,使用【在图像中取样以设置白场】工具 单击书法字体背景部分,将其设置为白场,这样书法字体素材就可以和背景纹理素材完美地融合了。至此,本案例制作完成。

> **提示 TIPS**
>
> 在制作06步时,如果无法打开【色阶】对话框,需要先在书法字体素材图层执行【栅格化图层】命令,就可以打开【色阶】对话框了。

## 5.7 古建筑的水墨画效果

扫码观看教学视频

本案例将为读者讲解如何将古建筑照片处理成水墨画效果。在制作这个案例时，需要使用【滤镜库】中的滤镜。本案例的原片没有什么意境，但陈旧的墙壁非常适合制作成水墨画的效果。

▼ Before　▶ After

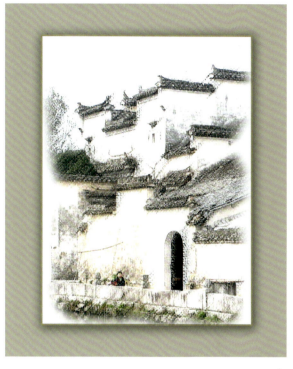

01 选中"素材文件/CH05/5.6"文件夹中的古建筑照片，然后在软件中打开。

02 **调整颜色** 打开【色阶】对话框，使用【在图像中取样以设置白场】工具单击白色的墙面，这样是为了让墙面更白一些，但要保留墙面黑色的部分。

**03 裁剪图片** 使用【裁剪工具】，将照片裁剪为竖画幅。

**04 制作边框** 按【Ctrl + J】组合键将图层复制一层，然后使用【裁剪工具】制作出边框。

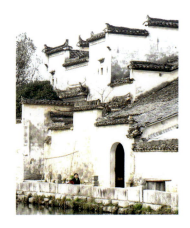
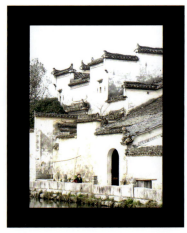

### 提示　　　　　　　　　　　　　　　　　　　　　　TIPS

裁剪后边框显示为透明的棋盘格，这种情况不影响后续操作。

**05** 设置【前景色】为浅黄色，按【Alt + Delete】组合键填充【背景】图层。

**06** 将【图层1】复制一层，按住 Ctrl 键单击【图层1】，形成一个选区。

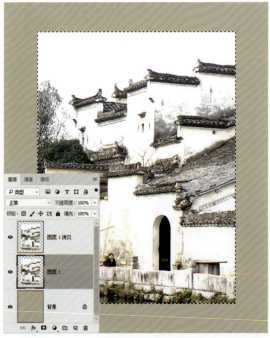

07 执行【编辑】/【填充】菜单命令,设置【内容】为【白色】,此时【图层1】的选区部分被填充为白色。

08 <mark>添加滤镜</mark> 选中【图层1拷贝】图层,执行【滤镜】/【滤镜库】菜单命令,在弹出的对话框中选择【粗糙蜡笔】滤镜。

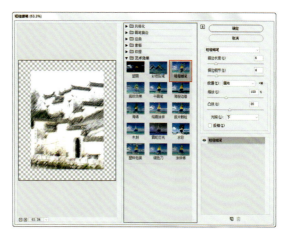

09 在右侧的属性栏中设置【描边长度】为12,【描边细节】为5,【纹理】为【画布】,【缩放】为94%,【凸现】为10,【光照】为【左下】。单击【确定】按钮 返回操作界面。

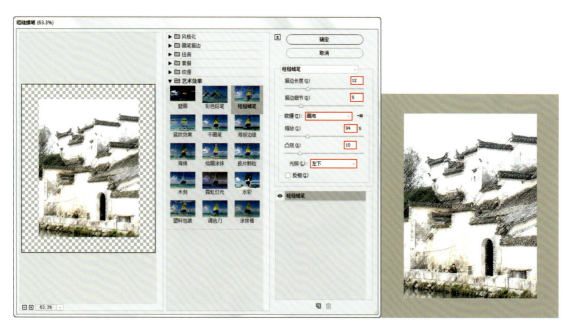

### 提示 TIPS
滤镜的参数不是绝对的,也可以尝试其他参数。

10 处理画面边缘　使用【套索工具】沿着照片边缘随意画一个选区。

11 在【图层1拷贝】图层上建立一个蒙版。此时选区以外的部分显示为白色。

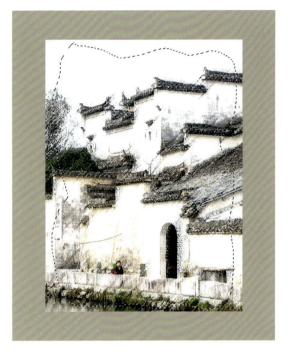

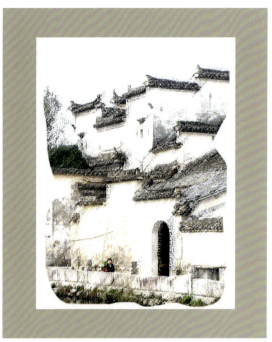

12 双击蒙版，在【属性】面板中设置【羽化】为 8.5 像素，原本清晰的白色边界变得柔和。

13 选中【图层1】，在【图层样式】对话框中勾选【描边】复选框，设置【大小】为3像素，【颜色】为深黄色。

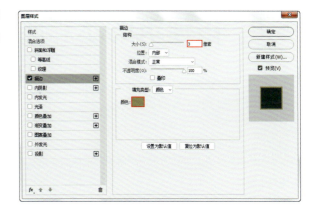

14 勾选【投影】复选框，设置【不透明度】为45%，【角度】为126度，【距离】为4像素，【扩展】为18%，【大小】为24像素，单击【确定】按钮返回操作界面。至此，本案例制作完成。

## 提示 TIPS

在制作本案例时，也可以在最后为照片添加【照片滤镜】，形成一个统一的色调。

## 5.8 古建筑的水彩画效果

扫码观看教学视频

本案例将为读者讲解如何将古建筑照片处理成水彩画效果。在制作这个案例时，需要使用【查找边缘】和【高斯模糊】滤镜。

▲ Before

▶ After

01 选中"素材文件 /CH05/5.8"文件夹中的古建筑照片，然后在软件中打开。

02 <mark>处理背景</mark> 将图层复制一层，然后选中【背景】图层，添加【曲线】调整图层，将画面提亮。

03 添加【色相/饱和度】调整图层，设置【饱和度】为47，提高照片的色彩饱和度。

04 选中【背景】图层和两个调整图层，单击鼠标右键，选择【合并图层】选项，将其合并为一个图层。

> **提示 TIPS**
>
> 在制作04步时，不要选择【拼合图像】选项，否则会将最顶层隐藏的图层也一起合并了。

**05** <mark>添加滤镜</mark>　选中并显示【图层1】，执行【滤镜】/【风格化】/【查找边缘】菜单命令，为图层添加【查找边缘】滤镜，照片会转换为类似线稿的效果。

**06**　将【图层1】的【混合模式】设置为正片叠底，此时照片会显示边线效果。

**07**　选中【背景】图层，执行【滤镜】/【模糊】/【高斯模糊】菜单命令，设置【半径】为5，此时照片形成水彩画的效果。

**08**　叠加了【查找边缘】滤镜的图层后照片有些发黑，添加【曲线】调整图层整体提亮照片。

**09** <mark>制作边框效果</mark>　使用【套索工具】随意绘制一个选区，按【Ctrl + Shift + I】组合键反选，形成边框的选区。

10 添加【纯色】调整图层，设置颜色为白色，将选区部分填充为白色。此时选区边缘很锐利，整体画面不好看。

11 双击调整图层的蒙版，设置【羽化】为 40 像素，此时边缘变得柔和，画面有朦胧感。至此，本案例制作完成。本案例的制作步骤并不复杂，只是将之前讲到的一些知识点灵活运用。

# 5.9 雪景的灰调画意效果

扫码观看教学视频

本案例将为读者讲解如何将一张照片处理成雪景的灰调画意效果。在制作这个案例时，需要使用 Nik Collection 滤镜。

▲ Before　　　　　　　　　　▲ After

**01** 选中"素材文件 /CH05/5.8"文件夹中的植物照片，然后在软件中打开。

**02** 添加滤镜　执行【滤镜】/【Nik Collection】/【Silver Efex Pro 2】菜单命令，打开滤镜面板，在左侧选择【022 悲伤2】滤镜，原本彩色的照片转换为灰调。

03 通过观察预览图,可以看到图片中存在很多噪点。在右侧属性栏中设置【每像素的微粒】为500,即可消除这些噪点。

04 单击【确定】按钮 返回操作界面,此时照片呈现旧宣纸的效果。添加【曲线】调整图层,适当提亮照片的亮度。

**提示 TIPS**

也可以继续添加一个浅黄色的【纯色】调整图层,这样就更接近宣纸的效果了。

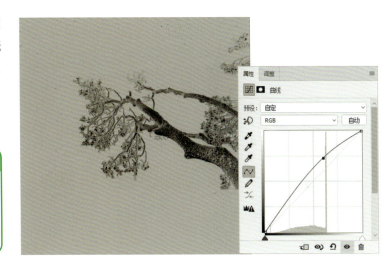

05 **制作边框** 将所有图层合并,复制一个新图层。

06 选中【背景】图层,执行【编辑】/【填充】菜单命令,将其填充为白色。

**07** 选中"素材文件 /CH05/5.8"文件夹中的荷花照片，然后在软件中打开，并放到场景中。导入这个素材，是为了使用边框轮廓。

**08** 使用【魔术橡皮擦工具】，单击荷花素材的白色边角，将其擦除。

**09** 按【Ctrl + T】组合键，将荷花素材等比例放大到合适的大小，并放到合适的位置。

**10** 按住 Ctrl 键，单击【图层 2】的缩略图，为荷花素材建立选区。

**11** 选中【图层 1】，单击【添加图层蒙版】按钮，为其创建一个蒙版，并隐藏【图层 2】。

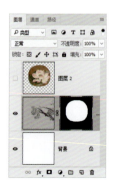

12 使用【裁剪工具】裁掉多余的白色边框，让画面显得更加自然。

13 添加水印 打开"素材文件/CH05/5.8"文件夹中"水印.psd"文件，里面有很多水印素材。

14 选中水印素材，使用【移动工具】将其移到场景中，调整并放置在合适的位置。至此，本案例制作完成。

# 5.10 高调柿子的中国风效果

扫码观看教学视频

本案例将为读者讲解如何将一张照片处理成高调的中国风效果。在制作这个案例时,需要抠除背景,添加【高斯模糊】滤镜,制作投影。

▲ Before

▲ After

01  选中"素材文件/CH05/5.10"文件夹中的柿子树照片,然后在软件中打开。此时系统会弹出Camera Raw滤镜面板。

**02** 在 Camera Raw 滤镜面板单击【自动】选项，让整个画面亮起来，这样方便后面的抠图。

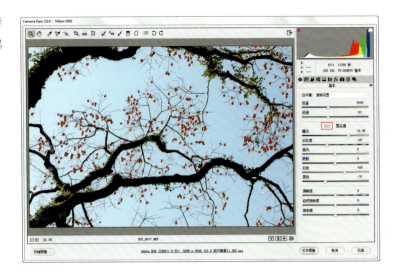

**03** 单击【打开图像】按钮 打开图像，在操作界面中打开处理后的柿子树照片。

**04** 抠除天空　执行【图像】/【计算】菜单命令，在弹出的【计算】对话框中设置【源1】和【源2】的【通道】都为蓝，【混合】为颜色加深，这样就可以将天空部分变为白色了。

05 切换到【通道】面板，可以发现生成了一个新的【Alpha1】通道。

06 选中【Alpha1】通道，单击【将通道作为选区载入】按钮 ○ ，此时照片中白色的部分形成了选区。

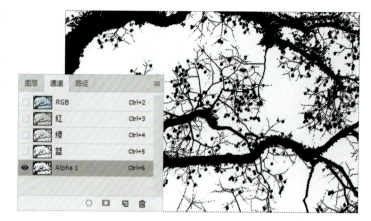

07 我们需要柿子树的部分，因此按【Ctrl + Shift + I】组合键反选，让柿子树部分成为选区。

08 选中【RGB】通道，返回【图层】面板，按【Ctrl + J】组合键将柿子树部分复制为一个单独的图层。

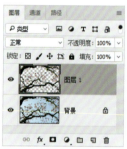

09 选中【背景】图层，将其填充为白色。

10 **二次构图** 使用【裁剪工具】将图片进行裁剪，重新构图。

**11** 添加滤镜　将【图层1】复制一层，选中【图层1】并添加【高斯模糊】滤镜，设置【半径】为30。

**12**　移动【图层1】的位置，形成一种投影的效果。可以观察到投影的颜色有些偏深。

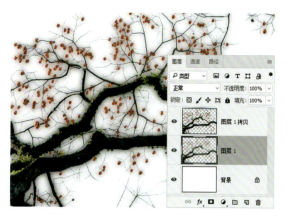

> **提示** TIPS
>
> 12步也可以为【图层1】继续增加【高斯模糊】滤镜，可以达到减淡投影的效果。

**13**　设置【图层1】的【不透明度】为60%，投影的颜色变浅。至此，本案例制作完成。

　　你也可以在本案例的基础上，继续在背景上添加浅黄色的【纯色】调整图层，这样就呈现国画的效果。还可以参照泼墨荷花案例，在背景上添加一些纸张的纹理，增加画面的细节。

## 5.11 下雨街景的油画效果

扫码观看教学视频

本案例将为读者讲解如何将街景照片处理成下雨时的油画效果。在制作这个案例时,需要使用【动感模糊】滤镜。

▲ Before

▶ After

**01** 选中"素材文件/CH05/5.11"文件夹中的街景照片,然后在软件中打开。在前期拍摄时,最好是在雨天进行拍摄,也可以在镜头前添加一个镜片,需要选择一个颜色比较丰富的场景。

**02 添加滤镜** 将【背景】图层复制一层，选中【图层1】执行【滤镜】/【模糊】/【动感模糊】菜单命令，打开【动感模糊】对话框，设置【角度】为90度，【距离】为49像素。制作这一步的目的是模拟雨滴打在镜头上形成的水雾效果。

**03 绘制蒙版** 为【图层1】添加一个蒙版，设置【前景色】为黑色，使用【画笔工具】轻轻涂抹蒙版，让画面形成部分清晰的效果。

**04 提高饱和度** 添加【色相/饱和度】调整图层，设置【饱和度】为50，这是为了营造浓重的油画效果。

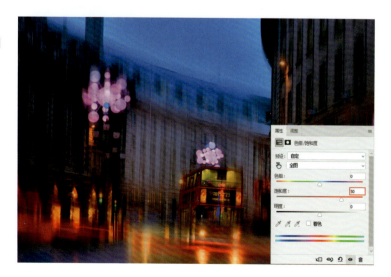

**05 添加素材**　选中 "素材文件 /CH05/5.11" 文件夹中的雨素材，然后在软件中打开。

**06** 将雨素材置于场景中，完全覆盖底层的图片。

**07** 雨素材的背景是黑色的，为了抠掉背景，将【图层2】的【混合模式】设置为滤色，此时画面中只会保留白色的雨滴。至此，本案例制作完成。

# CHAPTER 6

## 光影塑造

本章将介绍在Photoshop中塑造光影的技法。通过本章的学习，可以通过Camera Raw滤镜、耶稣光滤镜和绘制蒙版等方法调整照片的光影效果。

## 6.1 日出风光的影调渲染与光影强化

扫码观看教学视频

本节将为读者介绍如何将一张光影欠缺的照片调整为光影效果丰富的照片。在制作这个案例时，需要用 Camera Raw 滤镜调整照片的色调和亮度，配合曲线与蒙版提亮照片的高光部分。

▲ Before

▶ After

01 选中"素材文件/CH06/6.1"文件夹中的风光照片，然后在软件中打开。这是一张日出时的风光照片，虽然照片整体偏灰，但好在有明暗关系。

**02** <mark>调整照片颜色</mark> 执行【滤镜】/【Camera Raw 滤镜】菜单命令，在滤镜中打开照片。

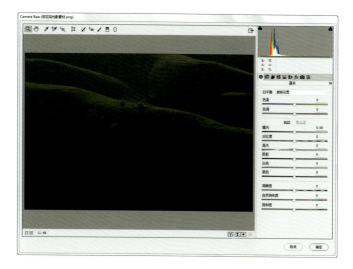

**03** 单击【自动】选项，还原照片本身的亮度和色调。

**04** 此时可以明显地看到照片曝光过度，适当降低【曝光】的数值，这样照片的亮度就比较合适了。

**05** 设置【自然饱和度】为60,可以让照片的色彩还原到拍摄时所看到的色彩。

**06** 为了增加画面的光影效果,设置【对比度】为33,【高光】为19,【黑色】为-68。此时画面的暗部呈深蓝色,而不是黑色。

**07** 调整【色温】为-5,可以让照片整体偏青色。

08 单击【确定】按钮 确定 返回操作界面。

09 去掉暗角 按【Ctrl + J】组合键复制一个层。选中【图层1】，按【Ctrl + T】组合键打开【自由变换】工具将其放大一些，就可以看到照片四周的暗角。

10 裁剪图片 使用【裁剪工具】将照片裁剪为16:9的横向构图。

11 修复污点 仔细观察照片，会发现照片上有一些小的污点。使用【污点修复画笔工具】将这些小的污点全部去掉。

177

**12　调整局部光影**　添加【曲线】调整图层，压暗整张照片。

**13**　将【前景色】设置为黑色，则【曲线】调整图层的蒙版为黑色。

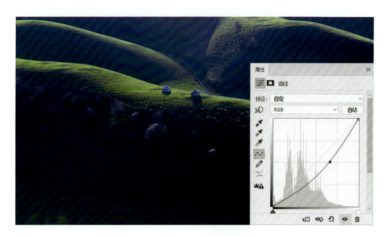
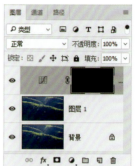

**14**　使用白色的【画笔工具】，在蒙版上进行绘制，让照片中的高光区域恢复成原来的亮度。

**15**　添加【曲线】调整图层，然后设置曲线为 S 形，增加画面的对比度。至此，本案例制作完成。这个案例的制作过程比较简单，一定要做到前后期结合。只有前期照片的光影合适，后期处理时才会得心应手。

## 6.2 古建筑弱光影调的调整

扫码观看教学视频

本节将为读者讲解弱光照片的电影色调的设置方法。在制作这个案例时，需要使用 Camera Raw 滤镜进行调色。

▲ Before

▲ After

**01** 选中"素材文件 /CH06/6.2"文件夹中的夜景照片，然后在软件中打开。此时系统会自动弹出 Camera Raw 滤镜界面。

179

**02** 调整暖色调　在 Camera Raw 滤镜界面单击【自动】选项，将照片的高光和颜色还原。

**03** 需要将照片调整为电影色调，增加照片中的暖色。设置【色温】为 8500，【曝光】为 2.4，【清晰度】为 44。

**04** 切换到【细节】选项卡，为图片降低噪点。设置【数量】为 17，【明亮度】为 32，【颜色】为 69。

**05** 单击【打开图像】按钮 打开图像 返回操作界面。

**06** 裁剪图片　使用【裁剪工具】 ㅂ.将图片重新构图，让画面中最亮的门洞处于画面中心。

**07** 调整冷色调　执行【滤镜】/【Camera Raw 滤镜】菜单命令打开滤镜面板，切换到【分离色调】选项卡，设置【阴影】的【色相】为147，【饱和度】为26。照片的阴影部分呈现灰绿色的冷调效果，整张照片就有了冷暖对比，更接近电影中的色调。

**08** 单击【确定】按钮 确定 返回操作界面。

09 <mark>增加画面的灰度</mark>　添加【曲线】调整图层，调整【RGB】通道和【蓝】通道的曲线，让画面呈现蓝灰色效果。至此，本案例制作完成。

> **提示**　　　　　　　　　　　　　　　　　　　　　　　　　　　　　　　　　　　　　　**TIPS**
> 也可以为照片添加一些水印，让画面整体看起来更加具有电影画面的感觉。

## 6.3　风光照片局部光影的制造

扫码观看教学视频

本节将为读者讲解风光照片局部光影的调整方法。在制作这个案例时，需要掌握创建高光选区的方法。

▲ Before

▶ After

**01** 选中"素材文件/CH06/6.3"文件夹中的风光照片，然后在软件中打开。此时系统会自动弹出Camera Raw 滤镜的界面。

**02 整体调色** 设置【自然饱和度】为 42，提升照片整体的饱和度。

**03** 切换到【HSL/灰度】选项卡，在【色相】中设置【黄色】为 –26，提亮草坪的高光部分。

**04** 为了让光影看起来更强，切换到【基本】选项卡，设置【清晰度】为 40。

05 在【基本】选项卡中设置【曝光】为 0.15,【高光】为 11,【白色】为 24,将画面整体提亮一些。

06 单击【打开图像】按钮 打开图像 ,返回操作界面。

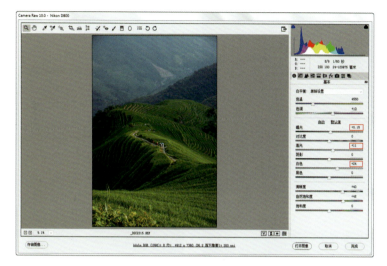

07 **裁剪图片** 使用【裁剪工具】裁剪照片。这里用 4:3 的构图,可以让视野更加开阔,画面的重点更加突出。

08 **调整图片亮度** 添加【曲线】调整图层,压暗整个画面。

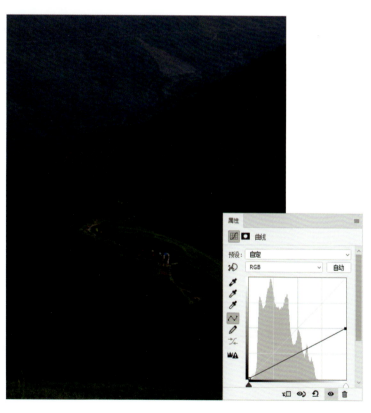

09 隐藏【曲线】调整图层，选中【背景】图层，切换到【通道】面板，单击【将通道作为选区载入】按钮，为高光部分建立选区。

> **提示　TIPS**
> 如果觉得高光的选区范围太小，可以继续单击【将通道作为选区载入】按钮 增大选区范围。

10 观察到图片右上角的位置有选区，但这里并不需要。使用【套索工具】 将这里的选区进行减选。

11 显示并选中【曲线】调整图层，使用【画笔工具】 在蒙版上进行绘制。如果不想看到选区的位置，按【Ctrl + H】组合键隐藏选区。虽然隐藏了选区，但选区依然存在，使用【画笔工具】 在蒙版上绘制时，只能在选区内进行绘制，选区外不会改变。

12 按【Ctrl + D】组合键取消选区，添加【曲线】调整图层调整曲线，使照片看起来更加通透。

13 添加【自然饱和度】调整图层，设置【自然饱和度】为 25，此时照片的颜色会更加漂亮。至此，本案例制作完成。

## 6.4 丛林耶稣光的渲染技法

扫码观看教学视频

本节将为读者讲解耶稣光的制作方法。在制作这个案例时，需要抠图修饰照片，调整照片颜色，使用耶稣光的制作插件等。

▲ Before

▶ After

01 选中"素材文件/CH06/6.4"文件夹中的街道照片,然后在软件中打开。此时系统会自动弹出 Camera Raw 滤镜的界面。

02 **前期调色** 观察照片,设置【曝光】为 0.25,【对比度】为 8,【高光】为 -100,【白色】为 -64,【自然饱和度】为 43。这一步的操作是为了让整个画面的颜色更加鲜艳。

03 单击【打开图像】按钮 打开图像 ，返回操作界面。

04 <mark>抠除人物</mark> 画面中的人物影响画面整体，需要将其抠除。使用【套索工具】 ，沿着画面中的人物进行勾选，从而生成一个选区。

05 执行【编辑】/【填充】菜单命令，打开【填充】对话框，设置【内容】为内容识别。

06 单击【确定】按钮 确定 ，可以观察到选区中的人物被背景代替。虽然还有一些地方不自然，但影响不大。这个方法可以快速抠除选区中的图像，系统会用周围的图像填充选区。

07 <mark>降低路面高光</mark> 使用【套索工具】 ，选中路面的高光区域，添加【曲线】调整图层降低亮度。当后期添加了耶稣光滤镜后，路面的高光区域会过亮，甚至曝光过度，这样不利于后面的调整。

**08** 此时能明显地看到明暗边界，在蒙版的【属性】面板中增加【羽化】的数值，可以让明暗边界过渡得更加自然。

**09** 按照上面的方法，继续降低路面其他的高光区域。

**10** **移动摩托车的位置** 画面中的摩托车没有处于画面的中线位置，整个构图看起来不平衡。使用【套索工具】为摩托车建立选区，将其复制一层并移到画面的中线位置。

**11** 为新建的图层添加蒙版，使用【画笔工具】将选区的边缘进行涂抹，使其显得更加自然。摩托车处于画面的远景，即便处理后仍有瑕疵，但图片缩小后就不会被察觉了。

**12** 使用【套索工具】选中原来的摩托车，使用【内容识别】工具将其抠除。

## 提示 TIPS

在制作12步时，一定要选中【背景】图层。

13 <mark>添加耶稣光效</mark> 将图层合并后复制一层，执行【滤镜】/【Digital Film Tools】/【Rays v1.0】菜单命令，打开滤镜面板。

14 先确定光线照射方向，然后在右侧面板设置光线的参数。这一步的参数不做强制要求，可按照自己的喜好进行设置。单击【设置】按钮⚙返回操作界面。

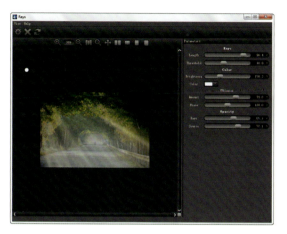

15 为添加了耶稣光的图层创建一个蒙版，使用【画笔工具】✎在蒙版上涂抹，将多余的光线擦除。

> **提示 TIPS**
>
> 在擦除多余的光线时，要将画笔的【不透明度】和【流量】降低，这样擦除的效果会比较自然。

16 <mark>整体调色</mark> 添加【可选颜色】调整图层，设置【颜色】为黄色，【青色】为 -28%，【洋红】为 10%，【黄色】为 38%。照片中黄绿相间，整体呈现秋天的效果。

17 添加【可选颜色】调整图层，设置【颜色】为红色，【青色】为 -23%，【洋红】为 -25%，【黄色】为 8%，增加画面中的黄色。

18 此时照片整体偏黄，但仍需要保留暗部的绿色。使用【画笔工具】在红色的【可选颜色】图层蒙版中进行绘制，涂抹照片中的暗部，使其恢复原来的绿色。这样画面的颜色会更加丰富，对比也会更加强烈。

### 提示 TIPS

如果觉得暗部颜色仍然偏深，可以继续在黄色的【可选颜色】图层蒙版中进行绘制。

19 制作油画效果 将所有图层拼合后复制一层，执行【滤镜】/【Nik Collection】/【Color Efex Pro 4】菜单命令，打开滤镜面板。

**20** 在左侧选择【古典柔焦】滤镜，单击【确定】按钮 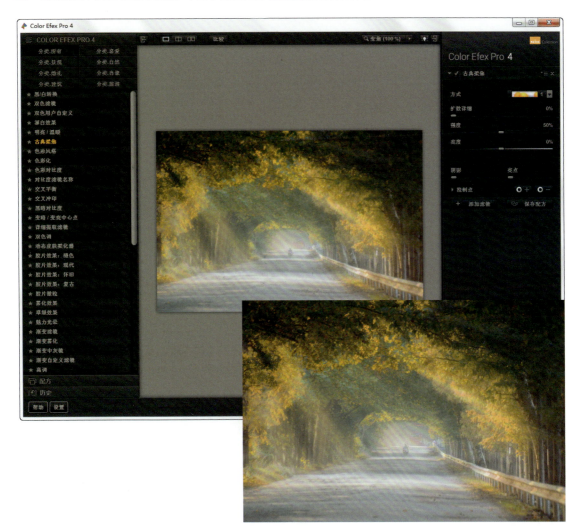 返回操作界面。

**21** 调整照片的对比度　添加【曲线】调整图层，稍微调整照片的对比度。调整后，虽然加强了画面的对比度，但光线并不是很突出。

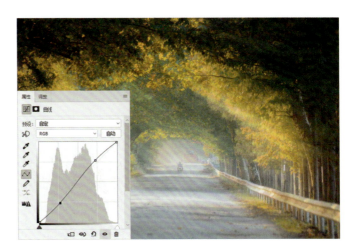

**22** 添加【曲线】调整图层，压暗照片，让光线更加突出。

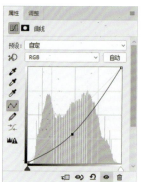

**23** 暗部颜色太深，需要适当提亮一些。使用【画笔工具】 在【曲线】调整图层的蒙版上进行涂抹，将照片的暗部稍微提亮一些。至此，本案例制作完成。

# CHAPTER 7

# 意境营造

本章将介绍在Photoshop中营造意境的技法。本章使用的技法在之前的章节中都有所提及，通过本章的学习，要将这些技法完全领悟，且融会贯通，灵活应用到以后的创作中。

变废为宝　Photoshop 摄影后期实例教程

# 7.1　古建筑低饱和度的制作技法

扫码观看教学视频

本节将为读者介绍如何为照片制作低饱和度效果。在制作这个案例的时候，会将之前使用过的一些技法加以融合，从而将一张普通的照片处理为有黑金效果的大片。

▲ Before

▶ After

01　选中"素材文件/CH07/7.1"文件夹中的古建筑照片，然后在软件中打开。此时系统会自动弹出 Camera Raw 滤镜的界面。

196

**02** 调色 在 Camera Raw 滤镜中调色，将照片调整为低饱和度的效果。单击【自动】选项，让系统自动处理照片的颜色和亮度。

**03** 自动处理后的照片曝光有些过度，且建筑的白色部分过于白。将【曝光】降低为 0.15，【高光】设置为 –70。

**04** 单击【渐变滤镜】按钮，从下往上拖曳一个渐变区域，这个步骤是为了调暗建筑部分。

05 在右侧的参数面板中设置【色温】为 –11,【色调】为 8,【曝光】为 0.05,【对比度】为 –66,【高光】为 –69,【清晰度】为 4,【去除薄雾】为 23,【饱和度】为 11。渐变区域中的图像饱和度和亮度都有所降低。

06 单击【目标调整工具】按钮，在蓝色天空的位置单击鼠标右键，在弹出的快捷菜单中选择【饱和度】选项。

07 在右侧的参数面板中设置【蓝色】为 –100,此时天空部分变成灰色。

> **提示 TIPS**
> 可以直接在天空位置拖曳鼠标调整参数，这种方法会更加直观。

08 在蓝色天空的位置单击鼠标右键，在弹出的快捷菜单选择【明亮度】选项，设置【浅绿色】为 -1，【蓝色】为 -100，【紫色】为 -24。

09 在右下角红墙的位置单击鼠标右键，在弹出的快捷菜单选择【饱和度】选项，设置【红色】为 -59，【橙色】为 -35，红墙部分显示为深褐色。以上调整都是为了减少图片像素的损失。

10 单击【打开图像】按钮 打开图像 返回操作界面。

**11 修饰瑕疵** 使用【矩形选框工具】选中山坡上的电线杆。执行【编辑】/【填充】菜单命令，打开【填充】对话框，利用【内容识别】工具将电线杆抠除。

**12 调整光效** 为照片添加【曲线】调整图层，压暗天空部分。

**13** 隐藏【曲线】调整图层，选中【背景】图层，切换到【通道】面板，单击【将通道作为选区载入】按钮就可以为照片的高光部分建立选区了。

**14** 返回【图层】面板，显示【曲线】调整图层，按【Ctrl+H】组合键隐藏选区，使用【画笔工具】在蒙版上涂抹建筑的高光部分。

15 照片的亮度仍然不是很理想。将图层全部拼合后复制一层,将复制的【背景 拷贝】图层的【混合模式】设为柔光,并设置【不透明度】为50%。

16 选中【背景 拷贝】图层,执行【滤镜】/【模糊】/【高斯模糊】菜单命令,将图层处理得模糊一些。处理后的柔光效果会过渡得更加自然、细腻。

17 添加【色相/饱和度】调整图层,拾取塔尖的黄色,设置【色相】为3,【饱和度】为-43。

18 添加【曲线】调整图层,继续压暗整张照片。

19 使用【渐变工具】在蒙版上绘制渐变效果,使照片中间部位变亮,下部变暗,以突出画面的重点。

201

20 添加路径模糊　将所有图层合并，然后复制一个新的图层。选中复制的【背景 拷贝】图层，执行【滤镜】/【模糊】/【路径模糊】菜单命令，打开【路径模糊】对话框。

21 在照片上绘制一个S形曲线，是为了让云朵生成S形的模糊效果。

提示　TIPS

具体绘制过程请观看教学视频。

22 在右侧的参数面板中设置【速度】为178，此时照片呈现明显的模糊效果。

23 单击【确定】按钮返回操作界面。

24 为【背景 拷贝】图层添加一个蒙版，使用【渐变工具】在蒙版上创建一个渐变效果，使照片下方的建筑变得清晰。

25 远处的雪山仍然有模糊的效果，使用【画笔工具】在蒙版上进行绘制，使雪山变得清晰，云朵变得模糊，这样整个画面呈现一种动感。

26 **裁剪图片** 使用【裁剪工具】将画面裁剪为横构图，呈现大片的效果。希望读者在学习完这个案例后能做到举一反三，将案例中使用的技法运用到日常的后期处理中。

## 7.2 黑白剪影创意的制作技法

扫码观看教学视频

本节将为读者讲解黑白剪影效果的制作方法。黑白剪影的制作方法在之前的案例中有所提及，本案例将通过多个素材的合成，完成一张黑白剪影的照片。

▲ Before

▶ After

01 选中"素材文件/CH07/7.2"文件夹中的夕阳照片，然后在软件中打开。

02 **黑白处理** 执行【滤镜】/【模糊】/【动感模糊】菜单命令，将图片模糊，为后续制作做准备。

03 为了让模糊效果更好，执行【滤镜】/【模糊】/【高斯模糊】菜单命令，再进行一次模糊处理。

**04** 为照片添加【黑白】调整图层，设置【红色】为73，【黄色】为108，提亮照片中红色和黄色的部分。

**05** 裁剪图片　使用【裁剪工具】．将图片裁剪为正方形，保留需要的部分。

**06** 创建山峰　使用【套索工具】．沿着山峰的位置大致勾选出一个选区。勾选的时候要注意，不要让选区的边缘太锐利。

**07** 在【图层】面板中新建一个图层,将【前景色】设置为黑色,并填充选区。

**08** 观察图片发现山峰的位置不够黑,在【图层】面板添加【曲线】调整图层,压暗整张照片。

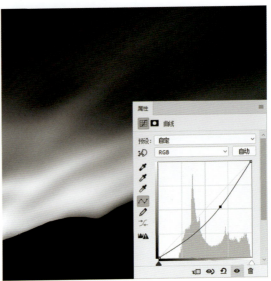

**09** 添加素材　　选中"素材文件/CH07/7.2"文件夹中的树木素材,然后在软件中打开。

10 选一颗喜欢的树木素材，用【套索工具】建立选区，并使用【移动工具】将它放在山峰上。在选择树木素材时，要选择枝干明显的树，不要选择成团的树。

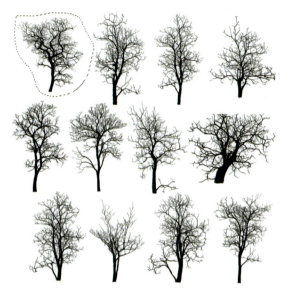

11 将树木素材缩小至合适的大小后，设置素材图层的【混合模式】为正片叠底。这样素材与照片就完美融合了。

12 选中"素材文件/CH07/7.2"文件夹中的人物素材，然后在软件中打开。

13 这张素材我们只需要人物、地面和马，天空部分需要被抠除。打开【色阶】对话框，使用【在图像中取样以设置白场】工具 单击天空部分，使用【在图像中取样以设置黑场】工具 单击人物部分，这样天空与地面就形成了较大的反差。

14 天空部分仍然有颜色，打开【色相/饱和度】对话框，拾取天空的浅黄色，将【明度】设置为100，这样天空部分就变成纯白色，方便后面的合成。

15 使用【移动工具】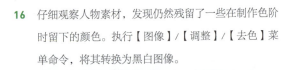将处理后的素材移动到照片中，缩小至合适的大小，并设置图层的【混合模式】为正片叠底。

16 仔细观察人物素材，发现仍然残留了一些在制作色阶时留下的颜色。执行【图像】/【调整】/【去色】菜单命令，将其转换为黑白图像。

## 提示 TIPS

在摆放人物素材时，一定要参考旁边树木素材的高度，不要让人物素材高过树木素材。

17 **二次构图** 使用【裁剪工具】，将图片进行二次裁剪，让素材处于画面的中心。至此，本案例制作完成。

## 7.3 风光意境的制作技法

扫码观看教学视频

本节将为读者讲解风光意境照片的制作方法。本案例将一张普通的古建筑照片通过抠图、合成背景素材和调色这 3 个步骤，处理成一张具有中国风意境的照片。

▲ Before

▶ After

**01** 选中"素材文件/CH07/7.3"文件夹中的古建筑照片,然后在软件中打开。这张照片缺少一些意境,需要在画面中添加一些素材,并处理成古风效果。

**02** 抠图　使用【魔术橡皮擦工具】将天空部分完全擦掉。在擦除的时候要注意,建筑上的一些细节部分也需要擦除干净。

## 提示　　　　　　　　　　　　　　　　　　　　TIPS

在抠图之前,需要将【背景】图层解锁,才能将背景显示为透明的效果。

**03** 使用【多边形套索工具】选中后方的山和前景树,为其建立一个选区,按【Delete】键删除。

**04** 执行【编辑】/【变换】/【水平翻转】菜单命令，将古建筑水平翻转并移到右侧。

**05** <mark>合并背景素材</mark> 选中"素材文件/CH07/7.3"文件夹中的远山照片，然后在软件中打开。

**06** 将远山素材图层放在古建筑图层的下方，然后将其放大，并放在合适的位置。

**07** 选中"素材文件/CH07/7.3"文件夹中的前景照片，然后在软件中打开。

**08** 将前景素材图层放在远山素材图层的上方，并放在合适的位置。

**08** 前景素材和远山素材的雾气部分重合，为了更好地合成背景，在前景素材图层上添加蒙版，使用【渐变工具】，在蒙版上创建渐变，让两个背景素材相互融合。

10 观察照片发现远山和前景之间的雾气留白太多。选中远山素材，向下移动一些。

11 移动素材的位置后，照片的上部留出部分空白。使用【矩形选框工具】选中远山素材上方的天空部分，不要选中山峰，按【Ctrl + T】组合键打开【自由变换】工具，向上拉伸天空部分。

> **提示**    TIPS
>
> 为了方便操作，在制作这一步之前需要隐藏古建筑图层。

12 **调色**   先选中古建筑图层，添加【色相/饱和度】调整图层，拾取古建筑的红色，设置【色相】为153，【饱和度】为 -67，让古建筑变成墨绿色。

13 添加【黑白】调整图层，设置图层的【不透明度】为46%，这样可以统一照片的色调。

14 为了保留前景图层中树木的绿色，使用【画笔工具】在【黑白】调整图层的蒙版上进行涂抹，还原其原本的颜色。

15 添加【色彩平衡】调整图层，设置【色调】为中间调时，设置【青色－红色】为–12，【洋红－绿色】为12，【黄色－蓝色】为5；设置【色调】为阴影时，设置【青色－红色】为–11，【洋红－绿色】为1，【黄色－蓝色】为7；设置【色调】为高光时，设置【青色－红色】为–9，【洋红－绿色】为2。将整个画面统一为青绿色的色调。

**16 裁剪图片** 使用【裁剪工具】 ㅂ.将照片裁剪为横构图。至此，本案例制作完成。我们一定要在日常多积累拍摄素材，这样在进行后期制作时，才能有更多的选择。

## 7.4 高调徽派建筑意境的制作技法

扫码观看教学视频

本节将为读者讲解高调中国风照片的制作方法。在制作这个案例时，需要调整建筑，合并柳树素材和水印素材。

▼ Before ▶ After

01 选中"素材文件/CH07/7.4"文件夹中的建筑照片，然后在软件中打开。原有的照片不是很理想，通过后期处理将其变为高调风格。

02 <mark>调整建筑</mark> 打开【色阶】对话框，使用【在图像中取样以设置白场】工具 单击建筑的白色墙面，使其变成纯白色。

03 经过处理后，墙面仍然不是纯白色。使用【画笔工具】 将墙面右半部分全部涂抹为白色。

04 使用【矩形选框工具】 选中右半部分建筑，为其建立一个选区，然后按【Ctrl + J】组合键复制一层。

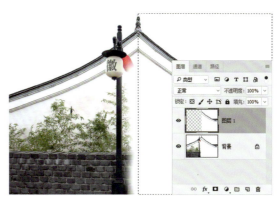

05 执行【编辑】/【变换】/【水平翻转】菜单命令，将复制的图层进行水平翻转，并使用【移动工具】将其移到左侧。

### 提示 TIPS

因为照片是左右对称的，所以只需要处理半边墙壁并镜像复制即可。

**06** 调整柳树素材　选中"素材文件/CH07/7.4"文件夹中的柳树素材，然后在软件中打开。

**07** 打开【色阶】对话框，使用【在图像中取样以设置白场】工具 ![]单击天空部分使其变白。

**08** 合并素材　使用【移动工具】![].将柳树素材放在古建筑图层上。

**09** 将柳树素材图层的【混合模式】设为正片叠底，就可以将它白色的背景消除了。

**10** 按【Ctrl + T】组合键，使用【自由变换】工具调整柳树素材的大小。

11 调整颜色　添加【可选颜色】调整图层,设置【颜色】为黄色,【青色】为 17,【洋红】为 -4,【黄色】为 88。这一步是为了让柳树变得翠绿,有一种春天柳树要发芽的感觉。

12 添加水印　选中"素材文件 /CH07/7.4"文件夹中的水印素材,然后在软件中打开。

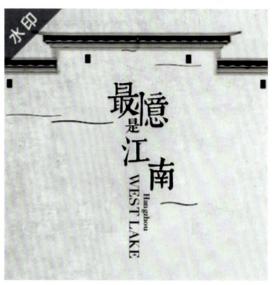

13 使用【套索工具】将字体部分建立选区,然后使用【移动工具】将其移到建筑的左上角。

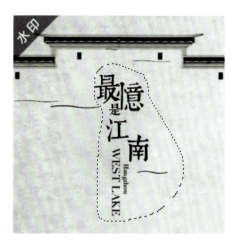

14 将水印图层的【混合模式】设为正片叠底,会发现由于其背景部分不是纯白色,所以无法消除背景。

15 打开【色阶】对话框,使用【在图像中取样以设置白场】工具,单击水印的背景,使其变成白色后自动消除。

16 调整水印的大小和位置,至此,本案例制作完成。也可以添加一些飞鸟之类的素材,让画面显得更加生动。

# CHAPTER 8

## 特效营造

本章将介绍Photoshop常见的特效制作技法。通过本章的学习，可以掌握黑金效果、高调效果、柔焦奥顿效果、景深效果和水晶球效果等特效的制作技法。

变废为宝　Photoshop 摄影后期实例教程

## 8.1 流行的黑金效果

扫码观看教学视频

本节将为读者讲解黑金效果的制作方法。在制作这个案例的时候，需要用到 Camera Raw 滤镜将彩色的夜景照片处理为黑金调的照片。

▲ Before

▲ After

**01 合并素材图片**　将"实例文件/CH08/8.1"文件夹中的素材照片全选后导入软件中。在弹出的 Camera Raw 滤镜界面的左侧，显示导入的全部照片。

### 提示　TIPS

在拍摄夜景照片时，最好选在傍晚7:00-7:30，提前寻找合适的拍摄机位并安置好设备，只要天气合适就可以进行拍摄。

在拍摄时，使用包围曝光的方式进行拍摄，这样可以增加照片中的细节。

220

02 单击【胶片】右侧的下拉菜单按钮，在下拉菜单中选择【全选】选项。

03 选中所有素材图片后，再在下拉菜单中选择【合并到 HDR】选项，系统会弹出进度条窗口，显示合并进度。

04 合并完成后，在弹出的【HDR 合并预览】对话框中单击【合并】按钮，将合并后的照片进行保存。

05 选中合并后的素材照片,设置【自然饱和度】为33,【去除薄雾】为8,单击【打开图像】按钮,在操作界面打开该照片。

07 调整图片颜色 在【图层】面板中添加【颜色查找】调整图层,设置【3DLUT 文件】为【2Strip.look】,此时图片呈绿色效果。

09 设置【通道】为青色,【饱和度】为 –66,【明度】为 –16,照片中的绿色被减淡,呈灰绿色。

06 裁剪图片 使用【裁剪工具】裁剪图片,使其构图显得更加和谐。

08 图片中过多的绿色不符合我们的需求,继续添加【色相/饱和度】调整图层,设置【通道】为红色,【色相】为23,红色的灯光部分会变成金色。

10 增加照片的蓝调 添加【色彩平衡】调整图层,设置【色调】为中间调时,设置【洋红–绿色】为 –4,【黄色–蓝色】为25,照片由灰绿色变成干净的灰蓝色。

11 增加灯光的黄色　添加【可选颜色】调整图层，设置【颜色】为红色，设置【青色】为 –26，【洋红】为 –10，【黄色】为 45。

12 设置【颜色】为黄色，然后设置【青色】为 –27，【洋红】为 13，【黄色】为 44，此时照片中灯光的颜色变成金黄色。

13 最后将照片复制一层，并进行一定的锐化。至此，本案例制作完成。希望读者在学习完这个案例后，将拍摄的夜景照片能处理成这种带有科技感的黑金效果。

变废为宝　Photoshop 摄影后期实例教程

## 8.2　高调荷花的制作技法

扫码观看教学视频

本节将为读者讲解高调荷花的制作技法。虽然在之前的案例中，讲过高调风格照片的处理方法，但在制作这个案例的时候，需要用到 Nik Collection 滤镜进行处理。

▲ Before

▶ After

01　选中"实例文件 /CH08/8.2"文件夹中的荷花照片，然后在软件中打开。在拍摄这类照片时，一定要选择暗背景进行拍摄，让主光照射在荷花上。最好选择含苞待放的荷花。

02　**反相照片**　选中打开的荷花照片，然后按【Ctrl + J】组合键将【背景】图层复制一层。

224

03 选中复制的【图层1】,执行【图像】/【调整】/【反相】菜单命令,将照片进行反相。

> **提示 TIPS**
>
> 【Ctrl+I】组合键是【反相】命令的快捷键。

04 **添加高调滤镜** 选中反相后的图层,执行【滤镜】/【Nik Collection】/【Silver Efex Pro 2】菜单命令。

05 在打开的滤镜面板中,选择【高调1】滤镜,并单击【确定】按钮退出滤镜面板。

> **提示 TIPS**
>
> 也可以选择【高调2】滤镜进行制作。

**06** 使用【高调1】滤镜处理后的照片,在【图层】面板中会生成一个新的图层。如果在滤镜处理后没有呈现应有的效果,按【Ctrl + F】组合键再次进行滤镜处理即可。

**07** <mark>选择荷花并复制</mark>　使用【快速选择工具】在【背景】图层中单独选出荷花部分,形成选区。

**08** 选中的荷花选区并按【Ctrl + J】组合键复制一层,将复制出的荷花图层置于【图层】面板的最顶层。

**09** <mark>绘制蒙版</mark>　为复制出的荷花图层添加一个蒙版,并设置蒙版颜色为黑色。

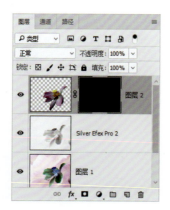

> **提示　TIPS**
>
> 设置【前景色】为黑色,并选中蒙版,按【Alt + Delete】组合键将蒙版填充为黑色。

10 将【前景色】设置为白色，使用【画笔工具】涂抹荷花的莲蓬部分，涂抹的位置会显示照片原来的颜色。

11 此时用蒙版绘制的边缘比较生硬，在【属性】面板中提高【羽化】的数值，可以让照片显得更加自然。至此，本案例制作完成。在学完这个案例后，要学会如何做到前后期结合。在前期拍摄时就要明确这张照片需要在后期用到哪些效果，同时要留心身边的景观。摄影最重要的是需要发现和积累，不能凭空想象，要多多练习，体会前后期结合的方法。

### 提示　TIPS

也可以使用【渐变工具】绘制蒙版。

## 8.3 流水青苔的柔焦奥顿效果

扫码观看教学视频

本节将为读者讲解柔焦和光斑的制作方法。在制作这个案例的时候，需要用到 Nik Collection 滤镜和 Knoll Light Factory 滤镜

▲ Before

▶ After

**01** 选中"实例文件/CH08/8.3"文件夹中的流水青苔照片，然后在软件中打开。

**02** 调整构图　使用【裁剪工具】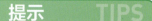将原图进行裁剪。注意，需要留出流水上方的部分，为后续添加光斑做准备。

> **提示 TIPS**
> 可以多花一些时间，将照片上的落叶修掉，形成更加干净的画面。

**03** 增加青苔的绿色　在【图层】面板添加【可选颜色】调整图层，设置【颜色】为黑色，【洋红】为 –11，【黄色】为 2，【黑色】为 3，此时照片中的绿色明显增加，绿色的青苔会更绿。

**04** 制作柔焦效果　将调整图层与【背景】图层合并，然后复制一个新的【图层 1】。

**05** 选中【图层 1】，执行【滤镜】/【Nik Collection】/【Color Efex Pro 4】菜单命令。

**06** 在弹出的滤镜面板中选择【古典柔焦】选项，并单击【确定】按钮 返回操作界面。这样原有的照片就被处理为柔焦效果了。

229

**07** 此时滤镜的效果还不够，执行【滤镜】/【Color Efex Pro 4】菜单命令，系统会再一次按原来的参数处理照片。

**08** 将滤镜处理后的图层的【不透明度】设置为75%，适当减少一些柔焦效果。

**09** 制作光斑效果 新建一个空白图层，并将其填充为黑色。

**10** 执行【滤镜】/【Knoll Software】/【Knoll Light Factory】菜单命令，打开光效滤镜面板，选择【sunset】光效，并放在流水上方的位置，取消勾选右侧面板的【Disc】和【PolySpread】复选框。

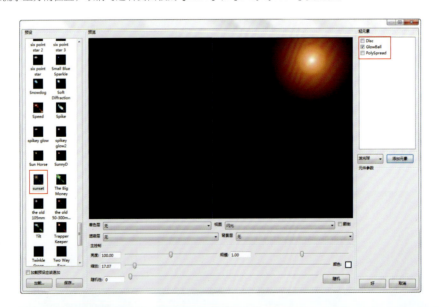

### 提示　TIPS

由于图层是黑色的，无法直接观察照片的信息，所以流水上方的位置需要根据照片比例预估。

**11** 将【图层1】的【混合模式】设置为滤色,这样就显示出光斑效果了。

**12** 使用【自由变换】工具放大光斑,只保留光斑的边缘部分。

**13** 将光斑图层复制一层,然后移动到合适的位置,并添加一个黑色蒙版。

**14** 使用【画笔工具】,并设置【前景色】为白色,然后在画面上进行局部涂抹,让光斑效果更加真实。至此,本案例制作完成。

## 8.4 风光照片 HDR 质感的制作技法

扫码观看教学视频

本节将为读者讲解风光照片 HDR 质感的制作方法。在制作这个案例的时候，需要使用 Camera Raw 滤镜。

▲ Before

▶ After

01 打开"素材文件 /CH08/8.4"文件夹中的风光照片，系统会自动弹出 Camera Raw 滤镜面板。

**02 调整照片色彩** 在滤镜面板选择【自动】选项，让照片的光影具有层次感。

**03** 继续在右侧的参数面板中调整参数，让整张照片的颜色更加浓郁，提高清晰度，使画面的层次感更好，且有了冷暖对比效果。

**04** 参数调整完成后，单击【打开图像】按钮 打开图像 返回操作界面。

**05 调整构图** 将原有的【背景】图层复制一层，然后按【Ctrl + T】组合键打开【自由变换】工具调整构图，让照片左右两边看起来更为均衡。

**06 调整对比度** 添加【曲线】调整图层，通过曲线调整照片的对比度，使整个画面的色彩更加好看。至此，本案例制作完成。希望读者通过这个案例的学习，能掌握 HDR 质感的制作方法。

特效营造

## 8.5 夜景创意光斑效果

扫码观看教学视频

本节将为读者讲解夜景创意光斑的制作技法。通过 Bokeh 滤镜制作照片的景深，而景深中的灯光部分就会产生散景效果，从而显示为光斑。

▶ Before

▶ After

01 选中"实例文件 /CH08/8.5"文件夹中的夜景照片，然后在软件中打开。

02 调整构图　使用【裁剪工具】裁剪图片，重新调整照片的构图，将不必要的部分裁掉。

235

**03** 添加景深滤镜　将【背景】图层复制一层，执行【滤镜】/【Alien Skin Bokeh2】/【Bokeh】菜单命令。

**04** 在弹出的滤镜面板中，设置景深中心的图案、角度和景深大小。可参考面板上的参数进行调整，也可以按照自己的喜好进行调整。

> **提示　TIPS**
> 一定要在【背景虚化】选项卡中选择【中心】的样式，才能形成虚化后的效果。

**05** 单击【确定】按钮，返回操作界面，照片显示景深效果。

**06** 调整景深　此时整张照片都显示模糊的景深效果，需要调整部分位置为清晰的效果。为滤镜处理后的图层添加蒙版，使用【画笔工具】，设置【前景色】为黑色并进行绘制。绘制的部分将显示为清晰的效果。

> **提示　TIPS**
> 为了使景深的过渡更加柔和，06步也可以使用【渐变工具】进行调整。

**07** 设置蒙版的【羽化】为 100 像素，此时景深的过渡变得柔和。至此，本案例制作完成。

## 8.6 逼真雾气效果

扫码观看教学视频

本节将为读者讲解逼真雾气的制作方法。在制作本案例时，需要用到云彩滤镜，同时配合自由变换工具和蒙版调整雾气的形状与强度。

▲ Before

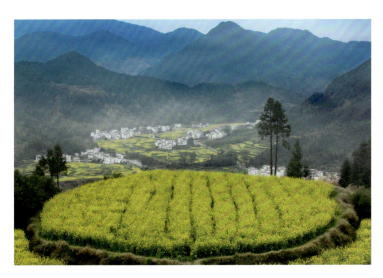

▶ After

01 选中"实例文件 /CH08/8.7"文件夹中的夜景照片,然后在软件中打开。在制作雾气效果时,一定要在前期拍摄照片时选择适合的角度进行拍摄。本案例中的远山比较清晰,添加雾气后会形成一种朦胧感。

02 **添加云彩滤镜** 新建一个空白图层,执行【编辑】/【填充】菜单命令,打开【填充】对话框,设置【内容】为前景色,单击【确定】按钮 ,就可以观察到空白图层为黑色。

> **提示** TIPS
> 
> 只有将【前景色】设置为黑色,才能填充为黑色。

03 执行【滤镜】/【渲染】/【云彩】菜单命令,在黑色的【图层1】上添加云彩滤镜。

> **提示** TIPS
> 
> 添加云彩滤镜时,要确认【前景色】为黑色,【背景色】为白色,才能生成黑白效果的云彩。

**04** 将【图层1】的【混合模式】设置为滤色，可以显示【背景】图层的效果。此时叠加的雾气效果显得很不真实。

**05** <mark>调整雾气效果</mark>　使用【矩形选框工具】框选一小块云彩，然后按【Ctrl+J】组合键复制一层。

06  删除【图层1】,选中【图层2】按【Ctrl + T】组合键打开【自由变换】工具。

> **提示 TIPS**
> 我们只需要复制出的一小块云彩,其余的部分直接删掉。

07  将【图层2】拉伸,超出照片的范围,形成雾气的缥缈效果。

08  单击【在自由变换和变形模式之间切换】按钮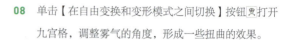打开九宫格,调整雾气的角度,形成一些扭曲的效果。

09  为【图层2】添加蒙版,使用【渐变工具】在蒙版上绘制一个黑白渐变,去除油菜花田上的雾气效果。

10 如果觉得雾气过于明显，可以添加【曲线】调整图层，将雾气稍微压暗一些。

11 使用【渐变工具】■，在【曲线】调整图层的蒙版上绘制渐变效果，让油菜花田恢复原来的亮度。至此，本案例制作完成。本案例的关键点是将复制出的云彩拉伸变形，只有将云彩拉伸得很大，并带有一定的弯曲角度时，才能很好地表现雾气的缥缈感。

## 8.7 水滴、水晶球的制作技法

扫码观看教学视频

本节将为读者讲解水晶球和水滴效果的制作方法。在制作这个案例的时候，需要将照片进行变形，同时用到水珠、泡泡类笔刷。

▶ Before　▼ After

**01** 选中"实例文件/CH08/8.7"文件夹中的夜景照片,然后在软件中打开。在制作这类效果时,一定要选择背景较暗的素材。

**02** <mark>变换图片</mark> 选中导入的背景图片,按【Ctrl + J】组合键复制一层。

**03** 按【Ctrl + T】组合键打开【自由变换】工具,将复制的图层等比例缩小,为后续制作水晶球做准备。

**04** 单击属性栏中的【在自由变换和变形模式间切换】按钮打开九宫格,将缩小的图片进行变形,形成鱼眼镜头的效果。

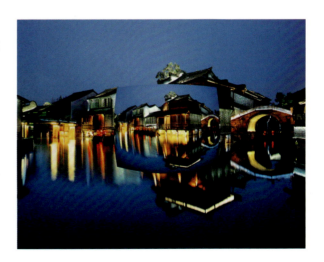

**05** 添加圆形蒙版　使用【椭圆选框工具】
○.并按住 Shift 键拖曳鼠标，形成一个正
圆形选区。选区的大小就是水晶球的大小。

**06** 保持选区不变，单击【添加图层蒙版】按
钮▢为选区添加一个蒙版。

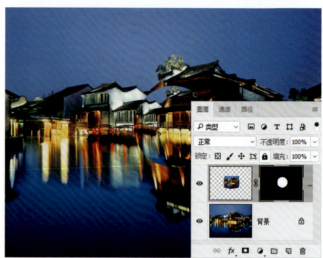

**07** 选中【背景】图层，执行【滤镜】/【模糊】
/【高斯模糊】菜单命令，设置模糊的【半
径】为 12，这样背景部分就被模糊了。

### 提示 TIPS

此时画面的焦点在水晶球上，因此背景
部分会变得模糊。

08 在【图层】面板中单击【指示图层蒙版链接到图层】按钮，取消图层与蒙版间的链接关系，选中图层后使用【自由变换】工具将图片尽可能地放在圆形区域内。

**提示 TIPS**

如果不取消图层与蒙版间的链接关系，调整图层时，蒙版也会随之改变，就不能达到预想的效果。

09 选中蒙版，在【属性】面板中设置【羽化】为 4.9 像素，此时圆形蒙版的边缘形成略微模糊的效果，与背景图层更为融合，画面整体看起来更加自然。

10 绘制水花　选中【背景】图层，然后新建一个空白的图层。

11 单击【画笔工具】，在属性栏中载入学习资源中的【钟百迪整合水珠泡泡笔刷】素材。

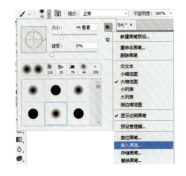 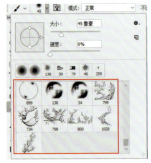

### 提示 TIPS
选中【载入画笔】选项后会弹出对话框，在对话框中找到预设画笔的.abr后缀文件，打开即可在笔触列表中找到载入的泡泡画笔。

12 选中【798】笔刷，通过键盘上的中括号键调整笔刷到合适的大小，设置【前景色】为白色，在【图层2】上绘制水花效果。

### 提示 TIPS
只有计算机的输入法是英文状态时，按中括号键才能调整笔刷的大小。

13 为了让水花效果更加清晰，将【图层2】复制一层。复制相同的图层，可以让颜色加深。

14 绘制水珠高光 选中带蒙版的图层，为其新建一个空白图层。在制作每个步骤时，要注意操作的图层是否正确。

15 将画笔的笔触更换为【899】笔刷，然调整笔刷的大小，在新建的【图层3】上进行绘制，形成水珠的高光部分。

**提示 TIPS**

如果绘制的高光范围较大，可以使用【自由变换】工具缩小高光，使其与水珠大小吻合。如果觉得高光部分不明显，可以将图层复制一层。

16 绘制水珠反光 新建一个图层，将画笔的笔触更换为【138】笔刷，并缩放至合适的大小，在水珠上进行绘制。

17 此时会发现，反光部分太亮，需要降低亮度。选中【图层4】，设置【不透明度】为50%，这时反光部分形成朦胧的效果。

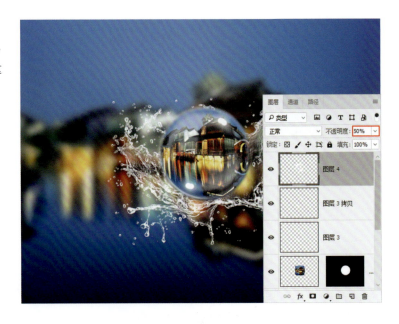

18 调整整体的细节后，本案例制作完成。一定要夯实基础，才能在学习综合案例时轻松完成。